U0740487

滋补男人头脑
的99个良方

滋补男人头脑的99个良方

尹博　戚春玉◎编著

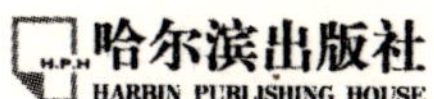

哈尔滨出版社
HARBIN PUBLISHING HOUSE

图书在版编目（CIP）数据

滋补男人头脑的99个良方 / 尹博，戚春玉编著. —哈尔滨：哈尔滨出版社，2011.4

ISBN 978-7-5484-0460-6

Ⅰ. ①滋… Ⅱ. ①尹… ②戚… Ⅲ. ①男性-成功心理学-通俗读物 Ⅳ. ①B848.4-49

中国版本图书馆CIP数据核字（2011）第001498号

书　　名：滋补男人头脑的99个良方

作　　者：尹　博　戚春玉　编著
责任编辑：陈春林　邢万军
特约编辑：王沙沙
责任审校：陈大霞
装帧设计：上尚装帧设计

出版发行：哈尔滨出版社（Harbin Publishing House）
社　　址：哈尔滨市香坊区泰山路82-9号　邮编：150090
经　　销：全国新华书店
印　　刷：北京市文林印务有限公司
网　　址：www.hrbcbs.com　www.mifengniao.com
E-mail：hrbcbs@yeah.net
编辑版权热线：（0451）87900272　87900273
邮购热线：（0451）87900345　87900299　87900220（传真）　或登录蜜蜂鸟网站购买
销售热线：（0451）87900201　87900202　87900203

开　　本：787×1092　1/16　印张：15　字数：191千字
版　　次：2011年4月第1版
印　　次：2011年4月第1次印刷
书　　号：ISBN 978-7-5484-0460-6
定　　价：28.00元

前　言

男人的一生充满了挑战，没有哪个男人甘愿平庸地度过一生。

如果男人没有智慧，就会在激烈的社会竞争中惨遭淘汰；如果男人没有能力，就会在奔向前途的行程中举步维艰；如果男人没有事业，就会在千磨万击的历练中轻言放弃；如果男人没有目标，就会在积淀人生的旅途中迷失自我。

头顶的星空无比绚烂，每一颗星星都是男人心头的一个梦。他们抬头仰望，激情和雄心在无边的星空里自由飞翔。他们学会了理智和思考，为自己设定了崇高的价值追求，他们决定活出自我，决不碌碌无为。有所作为，成为男人的座右铭；成为强者，成为男人的鞭策。男人，就是要不平凡，就是要精彩。

在生活的历练中，男人渐渐变得成熟，他们敢于直面挫折，敢于藐视困难，他们用自己特有的魅力和智慧迎接着各种接踵而至的挑战。

男人的成熟，与年龄无关。

男人的成熟是一种标志，一种气质，一种境界。

男人的成熟是一份宁静，一份祥和，一份温馨。

成熟的男人是宽容的。他们懂得人无完人，无意的错误总是难免的，宽容别人就是宽容自己。

成熟的男人是刚强豁达的。他们知道人生的道路上并非处处是鲜花和微笑，还有荆棘和泥泞。挫折和磨难是人生的重要组成部分，所以，面对一切的不幸，他们都会含笑以对。

成熟的男人是知足乐观的。他们会在社会的坐标系中找到自己的位置，不会盲目地追逐、狂热地追求。他们会踏实地工作，愉快地生活。

成熟的男人是积极自信的。世态炎凉，人情冷暖，他们能静默以对；尘事纷繁，风云变幻，他们能泰然处之。无论何时，他们都能在自己的心里拥有一个丰富而广阔的天地。

成熟不是玩世不恭，不是得过且过，不是悲观厌世；而是从从容容，是平平淡淡，是快快乐乐。

成熟的男人明白，眼睛一闭一睁，一天就过去了，时间一刻也不会停留。所以，他们懂得只争朝夕，使自己的每一天都过得充实而快乐。

成熟的男人知道自己最爱的人是谁，并且用心去爱。他们用爱温暖着生活中的每个瞬间，他们的幸福指数高得令人羡慕。

成熟的男人懂得用心去生活。他们热爱生活并享受生活，同时生活也赋予了他们更多的美好。

成熟的男人深知人生苦短，时刻不忘学习。他们相信，只有在学习中不断地提高自己，才可以获得更大的成功。

成熟的男人懂得思考的重要性，他们不断地思考，并在发现问题和解决问题的过程中努力改变自己，让自己去适应社会和团队的发展，当然，适应并不是放弃自己的主观能动性。

成熟的男人明白，逆境并不可怕，可怕的是失去信心。顺境中发挥出自己应有的能力固然重要，但更重要的是要在逆境中学会坚强地面对现实，只有这样，才会更有信心地去坚持自己的理想。相信自己，什么困难都不可怕。

成熟的男人明白，要有一份自己热爱的事业，并为之而不懈奋斗。

成熟的男人懂得，健康是第一位的，要多多运动，保持良好的健康状态。身体是革命的本钱，只有在健康的前提下，一切理想才可以去谈。

成熟的男人不过分计较得与失，他们学会了理解和宽容，学会了选择和放弃。他们认为活得开心最重要，有个好的心态，一辈子才活得有意义。

成熟的男人一诺千金，绝对不会出尔反尔，他们对自己的每个承诺都相当重视，言出必践。

成熟的男人不夸夸其谈，不随随便便高谈阔论，他们会在适当的时候保持适当的沉默。

成熟的男人有学识而含蓄内敛，他们不断丰富自己的内涵，但从不张扬，决不卖弄。

成熟的男人不以自我为中心，他们懂得尊重自己，更懂得尊重他人。他们善于换位思考，会站在别人的立场上来考虑问题，不强求别人迁就自己，善于同别人合作。

成熟的男人勇于承认错误，他们不顽固，乐于接受不同意见，善于采纳好的建议。对于自己的不当决策，他们勇于承担后果，从不找借口搪塞推诿。

成熟的男人意志坚定，他们有处变不惊的心理素质，困难面前决不轻易言退。他们会疲倦，但在休整之后又会信心十足地出发。

每一个男人都是在生活中慢慢成长起来的，每一个男人的成长故事，都可以写成一本书，值得我们去感受、去品味。

——编　者

contents 目 录

第一章 人参清汤：人生，从认识自己开始

第二章 苦瓜排骨汤：天行健，君子以自强不息

第四章 当归生姜羊肉汤：左右逢源，无往不利

第五章 补虚正气粥：健康的身体是革命的本钱

第六章 八宝健胃饭：智慧的火花照亮辉煌之路

第七章 枸杞炖银耳：因为有爱，所以美好

目 录contents

第九章 莲子百合煲瘦肉：和乐的人生最完美

第一章

人参埋于地下，在黑暗中平静地度过了一天又一天。终于有一天，它被人们如获至宝地挖了出来，这时，它低头审视着自己：原来自己就是“百草之王”，原来自己并不是毫无用处的草芥，它暗下决心，要让自己的人生变得精彩。

人参清汤：人生，从认识自己开始

良方1：给自己一个准确的定位

人生有了目标才会成功。若没有目标，任何人都不可能成就事业，因为它不会促使你采取任何实际的行动，你只能在人生旅途的十字路口徘徊，永远抵达不了成功的彼岸。

一个人的成功与他准确的目标定位是分不开的。有了准确的定位，就会按照自己的信念和目标来指导自己的一言一行，即使遭受挫折和失败，也会跌倒了再爬起来。目标定位准确，容易成功；目标定位不准，就很难成功。

人生的道路上，找到自己的定位非常重要，否则就会挣扎于彷徨不安的情绪之中。只有作出正确的选择，才能发挥最大的创造力。

很多人并不喜欢自己所从事的行业，但是又不肯抛弃已经拥有的舒适，所以终日在碌碌无为中度过。在新的时代里，什么职业与岗位适合自己，这是人们最为关注的问题。找准了适合自己的位置，用自己的所长来工作，将会使个人的潜能得到最好的发挥。

一个人也许在这个职位上平庸无比，而在另一项事业上却能大放异彩，所以在选择目标时，应该先为自己提供多种尝试的机会，看看自己的才华在哪个方面最能充分发挥出来。

哲人说："目标能把握心灵的方向，能唤醒身上的精灵。"如果你已经有了目标，企盼早日成功，那就从现在开始，把它放在心里并对其念念不忘，促使你的潜意识向现实目标的方向靠近。当你的内心将焦点集中在自己的目标上时，你就会不由自主地朝着它前进。当你朝着自己的目标前进时，你只要放眼向前，能看多远就能走多远。当你到达梦想中的高度时，你会发现，你还能看得更远。

◆ 良方2：善于扬长避短

"尺有所短，寸有所长。"我们做事情的原则应该是：选择最能使自己的品格和长处得以充分发展的职业。唯有利用自己的长处，才能有助于事业的成功，使自己的人生增值；相反，错用短处必然会使自己的人生贬值。

找准人生的定位之后，下一步就是扬长避短，突出自己的优势并使弱点淡化，把无形的优势变成有形的资产。

坚守自己的优势方向，就能经得起各种诱惑的考验，不随波逐流，不盲目赶时髦，清楚地认识自己的优势而不妄自菲薄。

扬长避短是一种智慧。扬长避短首先表现为始终保持清醒的头脑，能客观分析形势，冷静估量自己；又体现在工作中审慎的选择，打有把握的仗，做擅长的事。为人处世、开展工作要学会判断形势，正确看待自我，不作无畏牺性。特别是要正确认识自己的精神面貌、道德品质、才能、优点、缺点、自己的过去和现状，才能保持一份清醒和睿智。于人于事面前，不可自不量力，而要经常反思和自省。既有闻过则喜的淡定，又有洞察缺陷的敏锐，更有敢于揭短的从容。

要坚持有所为有所不为。正是由于每个人都或多或少地存在不足和缺陷，所以不是每项工作我们都能胜任，不是每一件事我们都能做到完美。在自己不擅长的领域贸然行事，只会增加失败的概率。有所为有所不为正是基于这样一种考虑，多在自身优势明显的领域尽心尽力，少在能力不足的工作上倾注力量；多将长处集中到重点工作，少把不足暴露在关键之时。

要想取得成功，很重要的一点是要善于利用自己的优点和长处，而对自己的弱点和短处要设法避开。唯有利用长处，才能使人生增值。在工作中，要善于发现自己的优点和长处，让它们为你工作；同时也要及时总结自己的弱点和不足。优点运用得好，在别人面前树立起的形象就好，弱点也就显得微不足道了，并且会慢慢地减弱或消失。

人们都想得到一个较高的职位，找到一个较大的机会，使自己有用武之地，却往往容易轻视自己简单的工作，看不起自己平凡的位置与渺小的日常事务。而有些人即使在平凡的位置上，工作也能做得十分出色。他们每做一事，都不满于“还可以”、“差不多”，而是力求尽善尽美、问心无愧，在自己的能力范围内做到最好。他们的任何工作都经得起检验，而他们的美德就是在这一件件小事中闪闪发光的。

最大限度地展现自己的长处，这里还有一个度的问题。既展现出自己的长处而又恰如其分，这是一种能力也是一门艺术，它往往体现一个人的修养。

总而言之，做人的大忌就是掩盖自己的长处，只要善于发掘和利用自己的优点，而又能够发现自己的不足从而有针对性地避开，那么你就会成为一个受欢迎的人。

良方3：不要太把自己当回事

当今时代，随着社会经济的多元化发展，人们的思想观念、道德标准、价值取向也发生了很大的变化。生活中有这么一种人，他们太看重自己，太在意自己，太把自己当回事了，以至于在心理上、行为上都会出现与群体格格不入的现象。

这种太把自己当回事的人，一般都有着一种叫做“自恋”的心态。他们自以为很了不起，却不知“人外有人，天外有天”的道理。他们总是认为好事就应该有自己的一份，一定要去争、去抢、去夺。争不到名，夺不到利，就会陷入一种极端的心态，进入一种不能自拔的境地。

在这个个性张扬的年代，很多人都怕别人看轻自己，总是希望在别人眼里找到被认可的答案，于是自信心过度膨胀，直至变了味，成了自以为是。

自信是好事，但切莫太把自己当回事。不要藐视那些失意的人，他们有自己的生活方式和奋斗方式，他们敢于选择自己的路并为之不懈努力。你没有资格去嘲讽他人的品位和档次。你的品位和档次又体现在哪里？犀利、富有攻击的语言就是你的品位？讥讽、嘲笑的语言就能显示你的档次？

太把自己当回事，就会无端生出许多烦恼，导致心态上的失衡：别人有，我为什么没有？！别人行，我为什么不行？！别人涨工资了，我为什么没涨？！别人升职了，我为什么没升？！抱怨越多，苦恼就越多。他们在生活中时时提防着别人，害怕别人超越自己；工作中处处抬高自己，压制、贬低别人，甚至会为了达到自己的目的而不择手段地伤害别人，而一旦有了一点成绩就目空一切，这种人实在是可笑又可悲。

不要太把自己当回事，地球没了谁都能转。要摆好自己的位置，端正自己的心态，不做不切实际的梦，高估自己的结果只会让自己受伤害。

人总有自以为是的时候，如果经常如此，就难免会感到失落，会患得患失。别忘了，你不是世界的中心，不要奢望你永远是众人瞩目的焦点。

不要太把自己当回事，说说容易，做起来却很难，这反映出一个人的道德情操和涵养境界。人贵有自知之明，正确评估自己并非易事。人活于世，因所处环境和位置的不同，就有了不同的人生境遇，每个人都有自己的活法，也都有自己的人生信条。保持达观的情绪、豁达的心胸，既不消极悲观、怨天尤人，又不回避现实、盲目乐观，正视现实、承认现实、立足于现实才能拥有健康的心态，面对纷繁复杂的社会才能游刃有余。

不要自视清高

天外有天，人上有人；淡泊明志，宁静致远。当别人把你当回事时，自己不要把自己当回事；当别人不把你当回事时，自己一定要把自己当回事。权力是一时的，金钱是身外的，身体是自己的，做人是长久的。

不要盲目承诺

做人要言而有信。种下行动便会收获习惯，种下习惯便会收获性格，种下性格便会收获命运。

不要狂妄自大

把自己当别人——减少痛苦，平淡狂喜；把别人当自己——同情不幸，理解需要；把别人当别人——尊重独立性，不侵犯他人；把自己当自己——珍惜自己，快乐生活。能够认识别人是一种智慧，能够被别人认识是一种幸福，能够认识自己是圣者贤人。

不要乱发脾气

发脾气一伤身体，二伤感情。退一步海阔天空，忍一时风平浪静。

不要信口开河

言多必失，小心祸从口出。要学会倾听，倾听是一种智慧、一种修养、一种对他人的尊重、一种心灵的沟通。

不要小看仪表

播撒美丽，收获幸福。仪表是一种心情、一种力量，在自己审视美的同时，让别人欣赏美。

不要封闭自己

帮助人是一种崇高，理解人是一种豁达，原谅人是一种美德，服务人是一种快乐，应多和他人接触交往。

不要欺负老实人

同情弱者是一种品德、一种境界、一种和谐。心理健康，才能身体健康。多一分气量，便多一分气质；多一分气质，便多一分人缘；多一分人缘，便多一分事业。

不要取笑别人

损害他人人格，快乐一时，伤害一生。生命的整体是相互依存的，世界上的每一样事物都依赖其他事物而存在。应学会感恩，感恩大自然的福佑，感恩父母的养育，感恩社会的安定，感恩食之香甜，感恩衣之温暖，感恩花草鱼虫，感恩苦难逆境。

不要强加于人

人本是人，不必刻意去做人；世本是世，无须精心去处世。人生有三种境界：看山是山，看水是水——人之初；看山不是山，看水不是水——人到中年；看山还是山，看水还是水——回归自然。

良方4：培养良好有序的习惯

在那些成功人士显赫成就的背后，有很多鲜为人知的故事。他们对日常生活的科学管理，条理清晰、秩序井然的生活习惯和优良作风，很值得我们关注和学习。他们深知自己担负的重任，因而在对自己的要求上十分严格，每一件小事都要服从事业的需要，不论生活和工作都能做到有条理、有计划、有规律，生活的质量、工作的效率都非常高。良好有序的生活习惯对人的一生都会产生深刻的影响，凡是取得巨大成功的人，绝不是在日常生活中拖拉懒惰且办事无计划、没条理的人。

要想成就自己的事业，不是一觉醒来就能成功的，也不是一蹴而就那么容易，而需要日常生活中工作成效的累积。每个人的能力都不同，具备良好生活习惯的人，能按先后顺序分出轻重缓急，一步一步有板有眼地解决问题。这样的人工作有章法，生活有条理，做起事情来会取得事半功倍的效果。由于有好的生活习惯，就会充分地利用时间、节省时间，在相同的时间内做更多的事。相比之下，一个没有好的生活习惯的人，整天都忙个不停却收效甚微。他们一会儿做这个，一会儿做那个，像无头的苍蝇乱飞乱闯，手忙脚乱，没了秩序乱了套，结果哪个都完不成。这样的人，即使再有能力也会落在别人的后面。

办事拖拉会严重地影响自己的生活和工作，有这种不良习惯的人也常常得不到别人的信任。如果做事情没有爽快利落、说干就干的劲头，或者是不紧不慢，或者是得拖就拖，总是“明日复明日”，不能立刻行动，那么对于每天必做的工作，就不能形成习惯按部就班地去操作，效果和质量就没有保障。拖拉实际上就是人的懒惰的体现，即使是对自己有益的事也会缺少热情、激情，它涣散精神、泯灭斗志，我们必须彻底铲除自身的惰性。“千里之行始于足下”，只有动起来才能把事按时做完做好，办事拖拉总是会失掉很多机会，会对自己的事业造成不可弥补的损失。

习惯对我们的生活有非常大的影响，因为它是一贯的，会在不知不觉中经年累月地影响着我们的品德，反映着我们的本性，左右着我们的成败。让我们晕头转向的，往往并不是工作的繁重，而是不清楚自己有多少工作、该先做什么。

培养良好有序的生活习惯，重要的是要管理好自己的时间。都说时间就是生命，那么充分地利用好时间就是在延续自己的生命。时间对每一个人都是公平的，不会倒流再生。让属于自己的每一秒钟都在规划的时间内过得有价值有意义，不要在无序的生活中浪费大好时光。

养成良好有序的生活习惯，该什么时间做什么就做什么，工作时全身心地投入，娱乐时就激情迸发。如果做不到这些，就会精力不济、创造力低下，甚至会危及身体健康。我们可以采用以下几种方法逐步培养良好有序的生活习惯：

每天都以计划开始。可以把一整天的工作列一份清单，这样你就会清楚地知道哪些工作是今天必须完成的，哪些工作是今后几天内要完成的；哪些是近期的目标，哪些是长远的目标。从而精确地找到需要优先处理的问题，避免被那些不重要的事情分散精力。这样，即使你决定在某个合适的时候停止工作，工作进度也在你的掌握之中，不会受到影响。

控制干扰。不要让料想不到的事情打乱你的工作计划，从而使你不得不加班。

早工作早离开。加班加点工作到很晚可能会引发恶性循环——工作到很晚通常会使你起得晚，然后导致你又要工作到很晚，如此循环。可以试着强迫自己早点开始工作，从而早一点完成任务。开始时也许很困难，但你很快就会发现，自己的工作效率在不知不觉中提高了。

不要在工作时间干私事。有些人放任自己，在工作时间为私人事务分心。这些小事情会影响你的工作，如果你将很多时间用于与工作无关的事情，那么晚上加班就不可避免了。

今日事，今日毕。许多人由于白天完成不了任务，养成了熬夜的习惯。熬夜会使你的工作效率降低，甚至会危害你的健康。因此，要想方设法提高工作效率，必须做到“今日事，今日毕”。

良方5：出路在于思路

“起得比鸡早，睡得比狗晚，干得比驴多，吃得比猪差”，很多刚进入社会不久的年轻人都喜欢以此来调侃自己生活状态。虽然有些夸张，但是，他们中的很多人的确一直都被灰色心情所笼罩——心情永远是多云转阴。其实，倘若换个角度看人生，那将是一种突破、一种解脱、一种超越、一种淡泊、一种宁静。

论资历，我们是不折不扣的职场菜鸟，业务涉及不深，人脉一穷二白，在工作中经常碰壁。我们的压力并不一定都像千钧大石，但的确像大雨来临前的天色，灰暗低沉，明明有空间，却被灰暗填满了每个缝隙，只能等待大雨倾盆之后的晴空。

也许你胸怀大志，想成为一匹被人赏识、纵横驰骋的千里马，那么你必须知道：人生就是一连串的抉择，一个人的前途与命运完全掌握在自己手中，就业也好，创业也罢，只要奋发努力，终会成功。

毕业后的五年是改变自己命运的黄金时期。别说你没有背景，自己就是最大的背景。在人生的旅途中，我们每天都应该满怀希望。每个人的潜能都是无限的，关键是要发掘自己的潜能和正确认识自己的才能。

不少年轻人总是希望能找到自己理想中的工作，然而，很多好工作是无法等来的，必须自己去努力争取。也许你找了一份差强人意的工作，那么从这里出发，好好地沉淀自己，从这份工作中汲取到有价值的营养，厚积薄发。千里之行，始于足下，只要出发，就有希望到达终点。

毕业后的这几年，我们的生活、感情、职业等都存在很多不确定的因素，未来也充满了各种可能。这个时候，必须学会选择，懂得放弃，给自己一个明确的定位，使自己稳定下来。如果你不主动定位，就会被别人和社会“定型”！

可以这么说：一个人在毕业后这几年培养起来的行为习惯，将决定他一生的高度。我们能否成功，在某种程度上取决于自己对自己的评价，这就是定位。你给自己的定位是什么，你就是什么。定位能决定人生，定位能改变命运。我们一定要认清即将面临的五大挑战：

一、赡养父母；

二、结婚生子；

三、升职加薪；

四、工作压力；

五、生活质量。

人必须有一个正确的方向。无论你多么意气风发，无论你多么足智多谋，无论你花费了多大的心血，如果没有一个明确的方向，就会过得很茫然，渐渐就丧失了斗志，忘却了最初的梦想；就会走上弯路甚至不归路，枉费了自己的聪明才智，耽误了自己的青春年华。

毕业后这几年里的迷茫，会造成十年后的恐慌，二十年后的挣扎，甚至一辈子的平庸。如果不能在这几年尽快冲出困惑、走出迷雾，我们实在是无颜面对十年后、二十年后的自己。在毕业后的这几年里，我们既有很多的不确定，也有很多的可能性；我们既有很多的待定，也有很多的决定。

迷茫与困惑谁都会经历，恐惧与逃避谁都曾有过，但不要把迷茫与困惑当做可以自我放弃、甘于平庸的借口，更不要当做自怨自艾、祭奠失意的苦酒。生命需要自己去承担，命运更需要自己去把握。越早找到方向，越早走出困惑，就越容易在人生道路上取得成就、创造精彩。无头苍蝇找不到方向，才会四处碰壁；一个人找不到出路，才会迷茫、恐惧。

任何人做工作的前提条件都是他的能力能够胜任这项工作。能干是合格员工最基本的标准，肯干则是一种态度。一个职位有很多人都能胜任，他们都有干好这份工作的基本能力，然而，能否把工作做得更好一些，就要看谁更具有踏实肯干、苦于钻研的工作态度了。

工作中，活干得比别人多，你觉得吃亏；钱拿得比别人少，你觉得吃亏；经常加班加点，你觉得吃亏……其实，没必要这样计较，吃亏不是灾难，不是失败，吃亏也是一种生存哲学。现在吃点小亏，为成功铺就道路，也许在未来的某个时刻，你的好运突然就来了。

在毕业后的这几年里，比别人多付出一分努力，就意味着比别人多积累一分资本，也就比别人多了一次成功的机会。最要紧的是先练好内功，毕业后这五年就是练内功的最佳时期，练好内功，才有可能在未来攀得更高。

没有钱，没有经验，没有阅历，没有社会关系，这些都不可怕。没有钱，可以通过辛勤劳动去赚；没有经验，可以通过实践操作去总结；没有阅历，可以一步一步去积累；没有社会关系，可以一点一点去编织。但是，没有梦想、没有思路才是最可怕的，才最让人感到恐惧。

有的人为生存而雀跃，目光总是停在身后，三天打鱼两天晒网，有始无终。有的人为发展而奋斗，目光总是盯在正前方，每天进步一点点，坚持不懈。你愿意做哪种人呢？

良方6：居安思危，规划人生

每个人在年轻的时候都意气风发、豪情万丈，似乎什么都不怕。可是随着年龄的增长，每天想着房子、工作、养家糊口这些俗事儿，再也没有年轻时那种敢于上天探星、下海捉鳖的勇气了。是我们改变了生活，还是生活改变了我们？我们的思想变得越来越复杂，因为有了越来越多的舍不得、越来越多的顾虑，我们总是在徘徊，总是在犹豫。生活的重担压得我们喘不过气来，挫折和障碍堵住四面八方的通口，我们往往在撞得头破血流之后才能杀出重围，找到出路。随着工作渐渐步入正轨，身上的重担开始减轻，于是我们便在不知不觉中松懈了下来，渐渐忘记了潜在的危险。直到有一天危机突然降临，我们变得手足无措。因此，一定要有居安思危的意识，好好打拼，才能有一个真正的安全人生。

“生于忧患，死于安乐”，如果你想跨越自己目前的成就，就不能固步自封，而是要勇于接受挑战。对畏畏缩缩的人来说，真正的危险正在于不敢冒险。

年轻人在社会的重压下，适应能力变得越来越强，只是他们不自觉地习惯被环境推着走。他们不敢冒险，怕会给自己带来终身的遗憾。其实，人只有不断挑战和突破才能逐渐成长。长期固守于已有的安全感中，就会像温水里的青蛙一样，最终失去跳跃的本能。

经历了几年的社会生活，你应该明白：这个世界上有富也有贫，有明也有暗，有美也有丑，到底看到什么，取决于自己是积极还是消极。在年轻时学会勤勉地工作，用一种光明的思维对待生活，那么，只要张开手掌你就会发现，里面有一片灿烂的人生。

把感恩刻在石头上，深深感谢并永远铭记帮助过你的人，这是人生应有的一种境界。把仇恨写在沙滩上，渐渐忘掉别人对你的伤害，学会宽容，让所有的怨恨随着潮水一去不复返，这也是一种人生境界。

把每天都当成一个新的起点，每一次工作都从零开始。如果你懂得把“归零”当成一种生活的常态，当成一种优秀的延续，当成一种时刻要做的事情，那么，经过短短几年，你就可以完成自己职业生涯的正确规划与全面超越。

在职业起步的道路上，想要得到更好、更快、更有益的成长，就必须以归零思维来面对这个世界。不要以清高来标榜自己，而要让自己沉淀下来，抱着学习的态度去适应环境、接受挑战。

年轻人从熟悉的环境进入一个新环境，就要勇于将原来环境里熟悉、习惯、喜欢的东西放下，从零开始。要想在职场上获得成功，首先就要培养适应力，从自然人转化为单位人是融入职场的基本条件。一个人的起点低并不可怕，怕的是境界低。越计较自我，便越没有发展前景；相反，越是主动付出，就越会快速发展。

良方7：别老和自己过不去

在这个世界上，有很多事情是我们难以预料的。我们不能控制机遇，却可以掌握自己；我们无法预知未来，却可以把握现在；我们不知道自己的生命有多长，但却可以安排现在的生活；我们左右不了变化无常的天气，却可以调整自己的心情。只要每天给自己一个希望，我们的人生就一定不会失色。

人生的苦恼有时不在于自己获得多少、拥有多少，而在于自己还想获得多少、拥有多少。想要的东西太多，而自己的能力无法达到，就会感到失望与不满。于是就开始折磨自己，经常和自己较劲。其实静下心来想想，许多烦恼的产生并不是因为自己的能力不够，而是因为自己的愿望不切实际。

不要凡事都跟自己过不去，世界上不存在完美的人，每个人都有或多或少的缺陷。这并不是为自己开脱，而是为了使心灵不至于被挤压得支离破碎，如此才能永远保持对生活的美好认识和执著追求。别跟自己过不去，是一种精神的解脱，它会促使自己从容地走自己所选择的路，做自己喜欢的事。

生活在当今这个竞争激烈的社会里，每个人做事都不甘落后，总想干出点成绩来。但不经意间，生活就会跟你开一个不大不小的玩笑，使你结结实实地撞上无情的“红灯”，或事业失利，或感情受挫。这时你也许会埋怨生活对自己不公平，于是一味地怨天尤人，可这毕竟无济于事，因为任何人都回避不了现实。这时候，你就得学会适应社会，主动地去承受它。一个人所追求的目标越高，其失败的风险也就越大，所遭遇的挫折就可能越多。如果没有豁达的胸怀，没有较强的心理承受能力，就不可能顶住外部强加于我们的不幸和困难，就可能被方方面面的压力所击倒，就会心灰意冷。而心理适应能力强的人，对现实中的缺陷、不足及人生的种种烦恼总是采取乐观、宽容的态度，把它们当做一种客观存在，坦然面对。

生活在愉悦与烦恼同在的社会里，人们常常会跟自己“过不去”，既伤神又伤心，既费时又费力。这种心境往往源于以下几种特定情形：

生气

公交车上，别人不小心踩了自己的脚却不打招呼致歉，于是大为光火，原本的满心欢喜一扫而光，甚至下了车还在生闷气。生活中这类事不少，别人碰撞了自己，使自己受到了一定程度的损伤，当别人已远离自己而去时，自己还在耿耿于怀，再一次同自己“过不去”。

内疚

在跟自己过不去的煎熬中，内疚是一种严重的创伤。内疚使你沉湎于已经过去了的事件，让回忆占据了你宝贵的现实，让疑虑充塞了你日常的生活，这不仅是最大的精神浪费，也是一种残酷的心理折磨。

苛求

人的体力和精神承受都是有一定限度的，超过自己的限度，去苛求不现实的成功，无疑是对自己的迫害。

别跟自己过不去，这是一种心理保护的机制，是达到心理平衡的桥梁。不过说来容易，但真正娴熟驾驭却不是轻而易举的事。其实，生活中的我们应该学会用以下几种方法来过自己平淡的生活：

第一，生活就是端在手里的那只碗，幸福就是一碗水那么简单，如果你想拥有幸福快乐的生活，就要以一个良好的心态去看待物质与精神的双重需求，两者缺一不可。

第二，人的一切烦恼都比不上死更让人痛苦，所以，世上再没有比活着更值得庆幸的事了。明白了这个道理，那么所谓的烦恼和忧愁便算不了什么了。

第三，不快乐的事固然会影响人的情绪，但是，如果不能正确判断或理解事物，那对自己造成的伤害才是致命的。切记，不要让烦恼来左右你的生活。

第四，心理上的狭隘、观察生活角度的偏颇，是一些人不够快乐的原因之一。若能以慧眼来看，用创意的耳朵去听，用弹性的心境去面对，就会享受到生活的另一番乐趣。

第五，有些人之所以不快乐，是因为他们总喜欢一味地照着计划生活。他们不是在享受人生，而是在等待将来发生的事情。要想快乐就要给心情放个假，没有压力的快乐才是真正的快乐。

第六，你怎样对待生活，生活就怎样回馈你。只有让内心的自我永不消失，做自己的上帝，而不是让命运主宰你，快乐才会永远跟随。

第七，烦恼和痛苦的产生大都是因为欲求太高，背负的东西越多便越会觉得累。有时，放下就是快乐。

其实说到底，人最大的敌人是自己。要想有一个好的心情，首先必须战胜自己。拿得起是一种勇气，放得下是一种度量；拿得起实为可贵，放得下才是处世之真谛。

每天给自己一个希望，我们的生活将变得充实而愉快，哪里还有时间去为了一些无聊的小事而自寻烦恼呢？

◆ 良方8：在自我反省中进步

古人云“每日三省吾身”，意在强调自我反省的重要性。在如今这个快节奏的时代，自我反省就更为重要了。

反省自己的工作态度：今天的工作，是否有偷懒的行为？是否尽了全力？有无浪费时间？

反省自己的做事方法：对于今天所做的事情，处理是否得当？怎么做有可能会出现更好的结果？

反省自己的工作进程：今天做了多少事，有无进步？是否完成了既定的目标？有没有给自己提出更高的要求？

反省我们的人际交往：今天是否说过不当的话？是否做过损害别人的事？某人对自己不友善是不是另有原因？

这些都需要我们不停地进行自我反省、自我总结。反省其实是一种学习能力，反省的过程就是学习的过程。如果能够不断自我反省，并努力寻求解决问题的方法，从中悟到失败的教训和不完美的根源，全力作出纠正，这样就可以在反省中清醒，在反省中明辨是非，在反省中变得更加睿智。

对自己做错的事，懂得自责和悔悟，这是进步的原动力。不反省就不会知道自己的缺点和过失，不悔悟就无从改进自己的工作。

经常反省自己，可以去除杂念，对事物有清晰、准确的判断，能够理性地认识自己，并提醒自己改正过失。勇于正视自己，反省不理智之思、不和谐之音、不练达之举、不完美之事，才能够得到真切、深入而细致的收获。疏忽了、怠惰了，就有可能放过一些本该及时发现的失误，进而导致自己的一再犯错。

人在任何环境、经历和过程中，都存有利害关系的思考，能反躬自问者皆为明白之人，能三思而行才不失为上策。

学会反省，我们才能有直面人生社会的勇气，才能有进退自如的策略，才能有做人豁达的气度，才能有事业可靠的同盟军。学会反省，我们就能把宽容融化在相处的微笑里，就能将平庸丢掷在生活的门外，就能使怨愤缓解在辛勤的劳动中，就能使感情建立在生活和工作上，我们也就能从沟通中寻得理解。

事业上的反省，环境中的反省，选择上的反省，错误和失败后的反省，学习和方法上的反省，决策和领导中的反省，做人和人格上的反省，爱情和金钱上的反省，自然和生态的反省……在这些反思中，我们可以领悟到人性的魅力，从而目标更明确地去创造属于自己的生活。

当然，反省不必拘泥于形式，咖啡屋静坐时、茶楼品茗时、深夜独处时、晚上临睡前皆可进行，坚持下去就会形成一种良好的习惯。

良方9：进退有度才能享受人生

做事要懂分寸，做胸怀全局、进退有度之事。分寸在很大程度上含有“火候”的意思。能不能办成事，能不能把事办好，有一个分寸问题。说话有度，交往有节，办事得当，往往成功。不卑不亢，不软不硬，不偏不倚，讲的就是一种分寸的把握。人生在世，就要做事。如何做事？古代先贤多有论述，可谓仁者见仁、智者见智，各有所得。不过归根结底，方式虽各有千秋，目的却只有一个，不外乎要把事做好、做明白。

要高起点虑事。不可只在乎一事之成败，而必须站在是否有利于全局形势发展的高度全方位考虑。古今中外，凡成大事者，都有一个共同的特点，那就是一事当前，必先考虑全局之成败。只有这样，才能干得了大事、成得了大业。能成就大事的人，不会被眼前的暂时利益所蒙蔽，能够清晰地辨识事情的轻重缓急，从而正确地进行取舍。要用欣赏的目光看别人，用挑剔的心理看自己，只有这样，你的眼界才会更开阔，起点才能更高远，人生才能更加辉煌。

要高水平谋事。一个人工作水平的高低，主要取决于其谋事的能力。“谋”，在做事的所有环节中至关重要，对一件事的成败起着决定性的作用。有些人对待工作只是简单地执行，有的人则有所创新，这两种人处理事情的结果和层面会完全不同。凡事按规矩去做，不会出问题，但是也不会出亮点。做事前谋与不谋，效果是截然不同的。凡事只要认真、科学、积极地去谋划，胜算就会掌握在自己手中。谋，可以把不可能转化为可能，把常规转化为超常规，甚至把似乎已成定局的失败转化为奇迹般的成功。谋事的高水平取决于谋事者的高素质。当今时代，是知识经济的时代；当今社会，正逐步成为学习型社会。要通过学习思考，不断提升自己的理论素养，把握事物发展的规律，增强明辨是非的能力，为正确决策奠定扎实可靠的基础。

要高风格处事。人的一生经常会面对进退得失，与人交往难免会出现磕磕碰碰。进退得失之际如何选择，磕磕碰碰之时怎样处理，这其中就有一个处事风格的问题。有的人一事当前先替自己打算，遇荣誉就上，见责任就推；有的人遇到事情斤斤计较、患得患失，生怕便宜了别人，亏欠了自己，这都是风格不高的表现。风格不高，威信肯定高不了，就难以让人信服信任，就会缺乏凝聚力和号召力。高风格处事，并不是简单地提倡见荣誉就让、见责任就揽，而是说想问题、办事情要有更高的起点，在处理涉及个人利益的问题时摆正自己的位置。高风格处事体现的是高风亮节，是思想境界，更是一种眼界和胸怀。在对待个人进退得失时多一份坦然，以这样的态度处世，就会扎牢成就事业的根基，就能树立起良好形象，就能以人格的力量推进事业的健康发展。

每一个人都会有进退维谷的时候，这时进退得当就是人生的大智慧。人生犹如一盘棋，该进时就要当机立断，该退时就要毫不犹豫。只有眼观六路、耳听八方，才能步步为营；只有审时度势、胸怀大局，才能进退自如。进退得当，才能开启迈向成功的大门。

进退不是一成不变的，而是可以相互转化的。每个人的人生都会存在许多变数，因此，在面临进退的选择时要见机行事，及时作出恰当的选择，才能在人生的起伏中把握时机，获得胜利。

权衡利弊后再行动，这是做到进退自如的重要法则。只有深思熟虑后，才知孰轻孰重，才会克制自己，不会盲目行动，以防错误决断。

在作出进退的决定时，首先必须树立明确的目标，如果没有明确的目标，就会失去前进的方向，就会因此而在起跑线上落后于他人。除此之外，目标有轻重之分，也有大小之分。要将重要的目标放在首要位置，而且，要实现一个远大的目标，就要制订无数的小目标。

人生起伏无常，坎坷不定。人生的十字路口意味着实现人生的跨越有了新的机会，所以，一定要把握好它，它很有可能改变一个人的一生。当然，机会垂青于有准备的人，当机会来临时，我们一定要将其牢牢把握，用它来实现自己人生的辉煌。

面临进退，一个人最可贵的是守住自己的底线，而底线正是自己的责任。人生跌宕起伏，坎坷相随。在人生的进退过程中，有人经常舍本逐末，并最终因小失大。不论是急流勇退还是勇往直前，最重要的就是要守住自己的底线。

“君子博学而日三省乎己，则智明而行无过矣。”一个每天反省的人才会不断意识到并改正自己的错误，让自己在进退之间找到一个平衡点。金无足赤，人无完人，每个人都有缺点存在，当别人出于好意指出我们的缺点时，我们要乐于接受并感谢他们。

良方10：不为名利所累

人都有七情六欲，自然也离不开追名逐利。对名利的不同认识和选择，是衡量一个人人生观和价值观的重要尺度。名利观，实质上是人生观和价值观的综合反映。正当地追求名利没有错，在遵守法纪的前提下获取名利还应进行鼓励。但凡事过犹不及，一旦天天想着争名夺利，甚至不择手段，名利就变成了名缰利锁，不仅会使人道德沦丧，还可能把人拖向罪恶的深渊。

当前，许多人由于没有处理好名利问题，虽然短期内取得了一些利益，但从长期来看却栽了跟头，吃了大亏。有的人工作图出名，工作不扎实、不踏实，干点活儿生怕别人不知道，甚至把工夫用在搞一些不实用的“花花点子”、“面子工程”上；有的人不能正确对待荣誉，看到成绩就往自己头上记，见着荣誉就往自己怀里揽，评功评奖时争来争去，抢到了就浑身是劲，得不到就垂头丧气，

甚至工作闹情绪、撂挑子；有的人贪图安逸怕苦怕累，追求岗位舒服点、工作轻松点，生活潇洒点，遇到工作挑三拣四，脏活累活一股脑儿朝别人身上推，遇到困难绕着走，一门心思往舒适的地方钻。

诸葛亮曾云："非淡泊无以明志，非宁静无以致远。"一个人要有正确的名利观，就要有远大的理想和目标。如果心中没有远大的目标，势必只会看重眼前的利益。历览古今中外无数英雄人物的精神境界，不难发现，只有视事业重如山，才能做到看名利淡如水。另外，还要善于控制自己的欲望。俗话说："人到无求品自高。"名利本身并不是人生追求的最终目标，但在物质生活越来越丰富的情况下，金钱、名利对人的诱惑就会越来越强烈。如果抵御不了这种诱惑，就可能走上不归路。

人生一世，始终会与名利相伴，选择什么样的名利观就选择了什么样的人生，选择贪婪就选择了低俗，选择淡泊就选择了高尚。若想不为名利所累，其实也简单：视之越重，害处愈大；视之越轻，益处愈多。

良方11：有才你就亮出来

拥有完美的内在固然重要，但如果不懂得对所拥有的内在加以包装、加以展示，那么，酒香也怕巷子深。这个道理很多人都懂，因此现在社会上懂得展示自己的人越来越多了。同样是展示自己，展示什么，如何展示，就这些方面而言，又各有各的不同。正是因为有了这些不同，我们才能够加以比较、对照，才会透过人们所展示出的外在一面去了解其真正的内在。

一般来说，懂得展示自己的人可分为以下几类：

第一种是会展示自己的人，他们懂得保持本色不做作。内在的气质是最宝贵的，一个真正懂得与他人相处的人，绝不会因场合或对象的变化而放弃自己的内在特质，盲目地迎合、随从别人。这些人懂得，如果自己展示的方法不得当，被别人误以为做作，那就适得其反了。他们一定拥有美好的内在，具有独特的个性，对自己很有信心，并且崇尚诚实、坦白，希望以直接的方式和别人进行交流，是聪明、直爽的人。

第二种是巧妙展示自己的人，他们总会诚实地接人待物，因为他们明白一个原则，即不要不懂装懂。他们知道不懂装懂的人是令人厌烦的，特别是在长辈、知识渊博的人面前，如果班门弄斧、自不量力，总会贻笑大方的。他们深深地了解自己，对自己不懂的东西或学问会不耻下问。他们能够认识到，谦虚好学、看清自我是做人的重要方面。

第三种是熟练展示自我的人，他们不会掩饰自己的缺陷。他们懂得真诚是一剂良方，是沟通的基本条件。他们的真诚首先就体现在外在形象上，对他们而言，适当的掩饰是可行的，但过分的掩饰则会适得其反。自信是他们的宝贵品质，对他们而言，外貌并不是最重要的，能力才是他们傲人的资本。

第四种是能够灵活地展示自己的人，他们不会否认自己的过错。有些人明明知道自己错了，却硬着头皮死不认账，甚至还要为自己争辩，致使矛盾得不到解决，彼此的隔阂不能消除，相互之间的交往就更谈不上了，还会让人觉得此人蛮不讲理。会展示自己的人，他们勇于承认错误，并且知错就改，让挽救错误的行动为自己加分。

大凡懂得展示自己才能和品德的人都知道如何表达真诚的技巧，他们的真诚体现在各个方面：

真诚的眼睛。坦荡如水，平静地注视，不躲躲闪闪或目光垂下不敢直视。

真诚的举止。自然大方，从容不迫，举手投足一副安然之态。

真诚的微笑。如一缕温馨阳光，充满暖意。

真诚的称赞。称赞别人是发自内心的，是心灵之语，不会给人阿谀奉承之嫌。

真诚的握手。握手是否显得真诚在于握手的轻重。握得太重，可能是想表示热忱或有所求；握得太轻，会显得有些轻视对方，或者自己是有严重的自卑。

除了真诚待人，他们在工作中的善于展现自己还表现在以下几个方面：

耐心倾听

即使对方说的是他们不感兴趣的甚至非常讨厌的东西，他们还是会面带微笑耐心地倾听。他们懂得尊重别人，懂得基本的礼貌涵养。

不断充实

每个人的知识都是有限的，他们会看到自己的不足，会不断地完善自己，时刻为自己充电。

闲话少说

很多时候，有人为了展现自己会说很多与工作无关的话题，出现一些不必要的矛盾和误会。不说闲话的人是聪明理智的，他们并非时刻保持沉默，而是懂得在适当的时候发表自己的观点。

第二章

从品尝苦瓜到品味人生，这其中有着诸多的相似之处。苦瓜的苦中透着一丝丝的甜，与人生的苦尽甘来有着异曲同工之妙。“宝剑锋从磨砺出，梅花香自苦寒来”，美味佳肴因有苦瓜的衬托会更加香甜，丰富的人生因有苦难的经历而更加精彩。其实人生与苦瓜一样，都有着苦苦的淡淡的时光。认识那苦的滋味，才是智慧的态度。

苦瓜排骨汤：
天行健，君子
以自强不息

良方12：事业心是男人最打动人的品质

事业对于男人来说，始终是他们生命中最重要的存在之一。男人不能没有事业，就像辽阔的天空不能没有太阳一样。如果把男人的一生比做一条浩浩荡荡的大河，那么事业就是那宽阔坚实的河床。事业是男人的生命，也是男人成功的基础和底气。

男人应该有事业心，事业心是指努力成就一番事业的奋斗精神和热爱工作、希望取得良好成绩的积极心理状态，是人类一种高尚的情操。

具有事业心的男人能根据自己的主客观条件确立适当的目标，他们认为，事业的成功比物质报酬和享受更为重要，他们不拒绝合乎法理的物质报酬和享受，但事业成功的振奋和喜悦远胜于他们所获得的这种报酬和享受。

男人可靠，说明他为人处世可信度强，男人在事业上发展，如果缺乏令人信任的品质，就很难获得成功的机遇。性情暴躁、脾气乖戾的男人，人人都会对他敬而远之，女人更是避之唯恐不及。性情温和的男人，怀有一颗和善之心，那么易于亲近，处处显示一种体贴、关怀的善意。深沉是内在的精神修养，是阅历丰富的男子经过磨炼获得的独有魅力。真正的深沉是一种经验，是一种深思熟虑；深沉还是一种稳健的风度，一种担当大任的素质。坚强是一座炼钢炉，能将男人炼成钢，百炼成钢的男子任凭风吹雨打百折不挠，安全感只有从坚强的男人那里才能得到。果断的男人令人尊重，他们有魅力，做事雷厉风行，指点江山，有领导者风度。责任感强的男人不自私自利，社会赋予男人神圣的使命，他们要创造价值，推动历史进程，因此他们勇于挑重担，知难而进，绝不推卸责任。

以上所说的这些男人应该具备的优秀品质，不容置疑，但还有比这些更能打动人的品质，那就是事业心。

男人应该有事业心，应以事业为重，追求发展前途。事业是男人价值的真正体现，男人就是要为事业而生，为事业而战。人生一世就应当有所作为，也就是要成就一番事业。虽然有事业并非男人的专利，但积极进取、建功立业却是男儿本色。

一个男人，可以不是高官，可以不是富翁，但一定要有一份自己热爱的事业。有事业心的男人从来不知道冒险是什么东西，只为心中的目标前进。男人来到这个世界上，也许就是为了生存而战斗，为了理想而奋斗，果敢、坚毅都是他们身上的闪光点。

有事业心的男人是坚强的。坚强的男人能为女人遮风挡雨，感情的波折、家庭的困难在他们面前都会化险为夷。这种安全感只有从坚强的有事业心的男人那里才能得到，他们永远不会做逃兵。

有事业心的男人是果断的。他们自信心极强，富有决断力。他们做任何事决不优柔寡断、拖泥带水。

有事业心的男人具有独立性。独立性是男人成熟的标志，是男人的立身之本。男人最重要的是精神独立、人格独立。男人有了独立的人格，才能安身立命，才能发展自我，也才能保护自己心爱的女人，让女人放心地追随他。

有事业心的男人具有责任感。责任感强的男人不自私自利，社会赋予这样的男人以神圣的使命，他们要创造价值，推动历史进程。因此，他们勇挑重担，迎难而上，决不推卸责任；他们不讲享受，不图安逸，不损人利己；他们助人为乐，关怀弱小，疼爱妻儿；他们处处获得尊重。与这样的男人相恋相爱，女人会有无上的荣誉感，而这是一笔巨大的精神财富。

总之，事业是男人生存的基础、情感的基础，也是男人价值的体现和成长的动力。男人不一定要多成功，但是，一定要有目标，一定要上进。事业心是男人坚实的路基，是通往成功的必经之路。有了事业心，做什么事都能认真对待，都能持之以恒。

良方13：有梦就追，让理想变成现实

有人说，一个人的事业心不能妨碍另一个人的事业心；事业心就是一种道德品质，而它的要求就是一种道德的要求。这话没错，事业心关乎一个男人的道德，它的存在对于男人来说不仅是一种积极向上的心态，还是对男人较高的道德水准的要求。它要求男人不要执迷于物质享受，要为了心目中的理想而奋斗终生。

要想在事业上真正干出名堂来，首先要有一颗强烈的事业心，以及在这种事业心支配下产生的钻劲，这种钻劲就是对事业的执著以及对理想永不松懈的追求。

事业心和理想密不可分，理想是事业心产生的诱因和最坚定的支持因素，宛如一艘巨轮航行在大海上，前方指引方向的灯塔就是理想的光芒，而船舱里眼神坚毅执著的舵手就是那知难而上、矢志不渝的事业心。成功其实并不如人

们想象的那样艰难、那样不易实现，只要把握好两点——理想和事业心，即使再遥远的地方，我们也能到达。

因此，男人要树立事业心，就不能没有理想。理想是牵引事业心冲向无限广阔的前方的动力。抓住了理想的船帆，才能升腾起满怀事业心的雄心壮志，乘风破浪，一往无前。

男人无论大小老幼，心中都有一个属于自己的理想。小时候，老师经常要我们写有关理想的作文，但那时候的理想是模糊而幼稚的。现在我们知道了什么是真正的理想，根据自身的情况而树立的理想是理性而成熟的，终有一天会实现。

理想，古人称其为“志向”，古人重视理想的程度并不亚于今人，即使到了穷困潦倒的境地，也要坚守“人穷志不短”的信念，坚守他们的理想。古人为何如此重视理想呢？因为他们深知理想对人生的重要性，而金榜题名、衣锦还乡是那时候人们的共同理想。男人要想开创属于自己的事业，脱离了理想恐怕无从谈起。

人不能没有理想，没有理想的人生是没有意义的。理想是一个人对于所期望成就的事业的坚定信仰，但它不是幻想、空想，因为通过努力它是可以实现的。如果没有理想，我们就只能在人生的旅途上徘徊，永远到不了想去的地方。

有理想做伴，奋斗的路上我们将不再孤独绝望。

◆ 良方14：男人的一生因磨难而精彩

人们都希望人生之路能够平平坦坦、一帆风顺，然而大千世界经历各异，有幸福、欢乐，也有艰辛、苦涩，而其中最能磨炼人、考验人的当属磨难。

就人生而言，要想成功离不开磨难。男人要使自己的筋骨硬朗、胸怀广大，更离不开磨难的赐教。细细地体味，人生总是从平坦中获得的教益少，从磨难中获得的教益多；从平坦中获得的教益浅，从磨难中获得的教益深。因此，我们认真活在当下即可，无须去仰望顺境中的人生，那样的生活的确是少了一些艰辛和磨难，但当年老回首时，又何尝不会感到单调而无味呢？又有谁不希望体味在逆境中的五彩人生？

要想取得成功，就得做主动迎接磨难的人，只有这样，在忍受磨难的痛苦时，内心才是坦然的。磨难能使人优秀，若想做一个出类拔萃的人，难免要经历磨难的考验。如果既想优秀，又不想忍受磨难，做梦而已。人生多磨难，逆风逆水的你，每当回望身后的坎坷与泥泞，一道又一道，一程又一程，人生因此而变得饱满，岁月因此而变得有滋有味。

人生道路上的磨难就像一个大熔炉，那些意志坚强、迎难而上的人终会被磨难炼成一块好钢，而那些意志薄弱、经不起打击的人在磨难面前则会不知所措。孟子云："天将降大任于是人也，必先苦其心志，劳其筋骨，饿其体肤，空乏其身，行拂乱其所为……"磨难源于外界，只要保持良好的精神状态和拼搏向上的进取精神，是完全可以战胜挫折、摆脱困境的。虽然人的能力有大小、天分有高低，生活的环境有优劣，但只要自强不息，定会成就一番事业，创造出属于自己的辉煌。能够感动别人、改变命运、获得成功的人，永远都是那些能够全力以赴与挫折抗争，一次次倒下又一次次奋力站起来的人。如果放弃了自己，任何外来的关心和照顾都只是别人的一种怜悯和施舍，对改变自己的命运无济于事，因为大多数失败者其实不是被别人打败的，而是自己放弃了自己，这尤其要引起强烈追逐成功的男人的警觉。

磨难将男人的人生意志砥砺得更加顽强了，有一次的磨炼，就会增加一份战胜凄风苦雨的信心，去创造价值，实现梦想。没有磨难的人生是空白的人生，因为磨难以它的冷峻和残酷使男人的命运得以升华，使之睿智、深邃、丰富多彩、婀娜多姿、硕果累累……男人在经历磨难时，如能正确视之，冲出黑暗，那就是一个值得敬慕的人。

良方15：每一次挑战都是一次机遇

我们之所以强调磨难的作用，是因为它是成功的必经之路。磨难使成功来之不易，也使成功倍显珍贵。成功需要实打实凿地战胜磨难才能获得，如果能够轻而易举地得到，也就无所谓成功了。

男人的成功尤为如此，汉字里的“男”字，就是在田地里出力耕作的意思。在以农业为主的传统中国社会中，男人支撑着民族生存的经济基础，男人的生存状况从一定意义上代表了一个民族和一个国家的人群生存状态。

男人要靠实力来立身、创业、平天下，男人的一生也许都是在各种各样的成功训练中度过的：一个又一个明确的目标，永远稳定而又积极的情绪，随之而来的艰苦奋斗，给予我们一臂之力的朋友，有利于目标实现的各种素养和习惯，不断反省的思考与休整，脚踏实地的耐力和恒心……磨难使我们更加坚强。

男人要想成功，时时刻刻都得努力。磨难使男人变得更加成熟稳重，他们不拘小节，笑看风轻云淡，对磨难的态度既尊重又藐视；他们心中抱定理想和愿望，不会斤斤计较得失，不会过分拘泥规则，不会自命不凡地干涉他人，不会心灵空虚地关注流言飞语，不会情绪大起大落地变相自虐，不会墨守成规呆板刻薄，不会处处只顾自身利益，不会投机钻营占小便宜，不会随波逐流朝三暮四，更不会虚荣浅薄自以为是；他们宽厚容人，大度潇洒，诚实忠厚。

成功的路上，男人的脚步是十分密集的，他们必须时刻准备着迎接挑战。挑战来自很多方面，有外在的，也有内在的。无论是自己给自己施压，抑或是外界强加给自己的各种各样的不平事、不顺心，纵有千般苦万般累都不能喊疼，要咬咬牙挺过去，真正的男人从不畏惧挑战。

每一个理想的实现都必须经历无数的挫折，每一次挫折都意味着一次严峻的挑战，我们必须面对，我们没有退路，更重要的是我们必须要胜利。一次失败了，再来一次，跌倒了就从原地爬起，继续面对挑战，只有这样，我们才能离目标越来越近。

男人的一生充满了挑战，每一次挑战都是一次机遇，要时刻准备着迎接挑战。只要抱有坚定的信念，永不妥协，永不低头，就没有什么是不可战胜的。每一个有所作为的人都经历过挫折和失败，面对这些挫折和失败，他们的态度是勇敢地去挑战，而不是退缩。

挑战并不可怕，可怕的是没有接受挑战的勇气。没有人可以断言你失败与否，关键看你是否有足够的勇气去迎接挑战。如果连这点勇气都没有的话，就已经证明了你的失败。对于挑战者而言，除了要有挑战的勇气外，在面对困难的时候，更应具备必胜的信念，这样才会有一种精神动力支撑着你去迎接胜利。

男人可以不相信命运，但必须面对现实。人生有时就是这样矛盾，为了实现理想与目标而付出了沉重的代价，但收获的成果却不一定与之成正比。残酷的现实会在男人的心里留下难以抹去的阴影，他们因而垂头丧气甚至一蹶不振，于身心都无益。既然忧郁无益，何不振作精神，潇洒地去进行再一次的挑战呢？

挑战是一种追求、一种信念、一种无畏、一种越过沙漠荒原之后看到生命绿洲的快乐。因为挑战，任何一条路都有可能通往成功；因为挑战，我们的潜能会被无限激发。如果不去挑战，虽然避免了失败，但同时也会将成功拒之门外。人生因挑战而无悔。

良方16：青春不容挥霍

世上最可炫耀的是青春，最值得夸耀的资本是青春，最挥霍无度的也是青春。很少人会有意识地珍惜自己的青春岁月，认为青春时光很长，用不着庸人自扰地做一些毫无裨益的事。其实青春时光看似漫长，实则倏忽即过。当两鬓斑白惊呼韶华难再的时候，青春已然和我们挥手道别了。

青春不容挥霍，因为它是男人一生当中最珍贵的资本，也是一种不可再生的资本。男人应将最宝贵的青春岁月挥洒在令人崇敬的事业当中，而不是肆意地虚掷光阴。

青春苦短，男人为了自己的梦想应该尽量抓紧时间去争取自己应该得到的。对男人来说，青春和机遇都不能等闲视之。我们总会有一种时不我待的感觉，总觉得时间太短促了，有很多事情还没有办完。青春本是个多姿多彩的季节，但很多人却由于事业而忽略了它原来的颜色。其实青春和事业是不相违背的，二者反而相辅相成，互相激励，互相促进。青春给予事业无限的可能和无限的激情，事业给予青春巨大的回报和丰厚的记忆。

事业和青春虽然并不矛盾，但并不是所有的人都能够很好地把握二者之间的关系。青春时光是无价之宝，浪费一丁点儿就会让人痛心不已；而事业却往往千头万绪，让人难以抓住根脉，明了清晰地从头开始，善始善终。在漫长的追逐事业的旅途中，虚度青春的情况难免发生，为了避免这种情况的出现，我们要做到有计划地实现自己的人生目标，实现自己的事业诉求。

事业和理性的实现并不是一蹴而就的，青春的时光无比珍贵，立志要趁早。有了具体的目标后，接下来就要有计划地去实现它。我们可以把目标按照优先次序进行排列，把精力放在那些对人生有重要意义的目标上面。还可以把奋斗目标分成短期、中期和长期计划，这会帮助我们有计划、有步骤地实现最终目标。真正的成功来源于前进道路上的每一小步，不要幻想凭借好运就能一步登天。

空想和盲目最易造成青春岁月的流失，人生的慌乱和漫无目的也是男人成就事业的最大障碍。青春经不起挥霍和浪费，疯狂的不计后果的赌博心态只能导致万事成空。拿青春做赌注，注定会输得很惨。

良方17：自信是成功的保障

自信是对自己、对生活、对未来充满信心的表现，是男人魅力的源泉。男人如果没有自信心，就不可能坚强、勇敢、大胆、无畏，就不会积极地追求生活目标和美好未来，也就不可能形成男人特有的男子汉风度。

自信表现在对生活充满乐观和进取的信念中，表现在克服生活、工作中遇到的困难的决心和勇气上。男人的魅力不在于容貌，不在于身材，而在于是否自信。哪个女人不希望自己的伴侣是一个坚毅刚强、不畏艰难的强者呢？谁又愿意与一个悲观绝望、浑浑噩噩的男人相依为命呢？

自信的男人是温柔的，这是因为他们有雄厚的资本及坚强的内心力量，他们不惧怕强大的对手，只存有欣赏和惺惺相惜的情怀。自信的男人待人宽厚，有着海纳百川的胸襟。一个男人在内心空虚的时候，往往就会多疑、冷酷，所以自卑的男人更多的时候会目空一切。自信的男人不必求助于伪装起来的气势，他们因从容而平静，因平静而温柔。

缺乏自信的男人多数瞻前顾后拿不定主意，他们往往以缺乏经验为理由，或以曾经失利为借口，给自己制造前进的障碍，束缚自己的手脚，使自己寸步难行。没有什么比自信更能改变人的处境，拥有自信就等于拥有无限可能。如果你现在自信满满，很好，请继续保持；如果你不小心丢了自信，现在就去把它找回来。

找出自己的优点

可以列出一份能力清单，写下自己所擅长的一切，逐步对其进行加强，即便是些微不足道的小事。

接纳赞扬

当有人赞扬你的时候，无论大小，也无论出于何种原因，都应该说声“谢谢”来接纳，而后再仔细想想别人赞扬你的原因，因为没有人会无缘无故地这样做。

把握机会

成功最能增强一个人的信心，因而必须积极地把握每一个可能成功的机会。

相信谁都会犯错误

错误会对人们造成伤害，是因为它常常使人们难堪并陷入困境。每个人都会犯错误，也都会在某一时刻想起以前所犯的错误，这很正常，并非只有你自己如此。让错误成为过去吧，因为它只是你记忆中残留的碎片，毫无意义可言。

良方18：学会坚持和放弃

有了坚强的意志，战胜了种种磨难，或许成功就近在咫尺了吧？其实不然，有时候一味坚强和执著并不能使事情向着设想的方向发展。因为生活讲究艺术，成功也是一门艺术。为了能够撑起属于自己的一片蓝天，我们必须懂得放弃的艺术，拿得起放得下才是大丈夫所为，才是英雄本色。

人们常说，坚持就是胜利，这似乎已经成了亘古不变的至理名言。但需要注意，坚持就是胜利的前提，就是所坚持的方向是正确的，所走的道路是适合的，否则不但不能走向胜利，反而离目标越来越远。

坚持就是胜利，我们信以为真，于是什么事做了就做了，一做到底；什么事错了就错了，一错到底。追求一个根本不可能达到的目标，与其说是矢志不

渝，还不如说是麻木不仁。我们的青春、我们的健康、我们的智慧、我们的财富，没有理由让我们盲目地挥霍。我们应该懂得放弃，放弃也是一种明智的选择。如果一定要坚持，请一定要找准目标，否则坚持就是失败。

其实坚持代表一种顽强的毅力，它就像不断促使人奔向成功的马达，但是，在前进的同时还需要一定的技巧。如果方向不对，只会越走越远，这时，唯有先放弃，等找准方向再重新努力才是明智之举。

坚持需要勇气，然而，放弃则需要更大的勇气。当发觉自己即将坚持到最后却走错路时，就应该果断地放弃，只有彻底放弃才会有新的开始。放弃并不是懦弱，相反，那是一种勇气，一种战胜自我、超越自我的勇气。放弃了一个无法实现的理想，却照亮了另外一条奋斗的道路，看似是放弃，其实是另一种坚持。

是坚持还是放弃，这是一个问题。

良方19：追求和探索不可少

生命之旅不会凝固在某一时刻，随着年龄的增长，我们的见识在拓宽，心境也在发生着变化。

对于追求事业成功的男人来讲，即使不会对社会和历史起到多么大的作用，但是也不能放弃学习和思考。抱着学习的精神和思考的态度，对什么东西都多了解一些，不一定非要学会多么深奥的知识，因为一个人的精力毕竟有限。对于很多知识，虽然只是大概了解，却也能带来莫大的乐趣和作用。

男人的一生不能碌碌无为，要活出价值，活出自我，而不是虚度此生。追求自我的价值使男人产生了强烈的事业心和成功欲，什么艰难困苦都不能阻止他们的雄心壮志。

男人的平庸与伟大，体现在他们对社会的贡献和对人生的态度上，人生的价值观也建立在此基础上。每个人对世界的看法和观念都不同，做人做事的方式也千差万别，但是，当思想达到一定的高度，或是有一个崇高的目标时，就会看到真正的人生价值。

人生的许多问题都与人的心理有关，尤其是幸福、价值的问题。弗洛伊德早就精辟地论述过，所谓“幸福”是一种极其快乐的感觉，它产生于人的内心之中被深深压抑的需要之满足。由于人的神经器官受到快乐原则的支配，所以幸福只能是一种暂时现象，只能产生于强烈的对比之中，而不能产生于某种事物的状态中。从自我和小我的角度来看，幸福与否正是一个人自身价值的体现。一个人做了亏心事不可能有幸福感，相反，如果一个人的所作所为有益于社会和历史，那么他所获得的幸福感就会非常强烈。当然，这种强烈的幸福感并不是肤浅的感官刺激所能比拟的，它存在于心灵的最深处，持久而热烈。

人生的概念，很清晰却又很模糊，它似乎很近，伸手便可抓住；又似乎很远，需要凭借自己的实力和意志才能到达理想的彼岸。男人的际遇就像一场激烈的战斗，有胜利的欣慰，也有失败的痛苦。如果你是一名有勇有谋的战士，不畏在硝烟弥漫的战场赴汤蹈火，就一定能经受住生与死、血与火的考验。

男人不能没有追求和探索，不能没有理想和目标。人生是行船，是战斗，只要生活在行船与战斗中，我们的青春和生命就一定能迎来灿烂和辉煌。

◆ 良方20：要有独立的人格

有了知识和智慧，是否就能成为无往不胜的强者了？非也。要成为竞争中的胜利者，拥有超强的素质固然是好事，但有一个问题不容忽视，那就是别人可能拥有和你一样的素质。“棋逢对手、将遇良才”可以说是竞争中最糟糕的局面，也是最难缠最难分胜负的对垒。

怎么办呢？这时就要用到知识和智慧以外堪称绝无仅有的素质。技能层面上的优势很不牢固，也很容易被对手取得并形成对决。要想不战而屈人之兵，要想取得睥睨一切的优势，就要从人格、精神、品质和道德优势上下工夫。

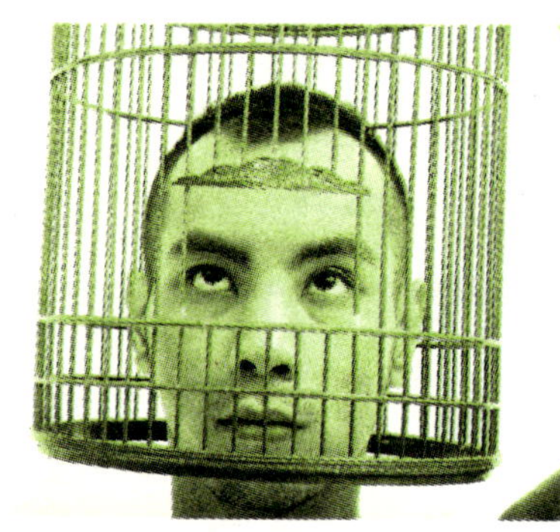

男人的一生是一个不懈奋斗的过程，但不是蛮斗，而要讲究方法策略。独立的人格和高贵的精神是男人保持强盛、立于不败之地的最有力武器。这些可贵的品格给予男人的力量和支持是无穷的。

人作为一个独立的生命个体，为什么而活？人生的最高价值在哪里？这两个问题永远发人深思。人的存在不是简单的肉体存在，而是一种精神的存在。每个人都应该是一个独立的精神存在，但现实生活中并非如此。我们常会看到生活中有许多不具有独立人格的人，这些人不能拥有真正的自我，他们的精神为别人的精神所奴役，不能拥有独立的思维，只能被动地接受别人的价值观念。他们虽生活在奴役之中却浑然不觉，甚至为此而感到快活，不得不说这种人是极其可悲的。

作为生命的独立个体，人应该有其完全独立的精神价值、独立的思维、独立的行为准则，并具有选择独立生活方式的权利。但自从人来到这个世界上，便无时无刻不受到来自各方面的束缚，这些束缚来自于环境、文化、家庭、社会准则等。想拥有独立人格的人，就必须和这些束缚展开斗争，不断地完善自我。

独立的人从不畏惧来自他人的反对，对于一个生活在这个世界上的人来说，如果从来没有遭受过他人的反对，只能说明这个人的平庸。杰出的人物往往都是生活在众多的反对之中，他们将别人的敌视化做自己成长的动力，在矛盾冲突中完善自我，创造出辉煌的成就。

对于具有独立人格的人来说，对自我价值的认可至关重要，他们不会为了自己的利益去做驾驭他人的事，不会以自己的意志去束缚任何人。他们以自己的存在为存在，同时又能尊重他人的存在，在与他人的交往中保持自身的独立性，并以个体的独立价值参与社会活动。

具有独立人格的人拥有宽广的胸怀，能海纳百川，不因生活中的细小琐事而与他人斤斤计较，不记仇不蓄恨，能以平和的心态看待事物的发展。

没有独立人格的人，面对简单平凡的工作会觉得枯燥无聊，难以忍受。而具有独立人格的人面对同样的工作，虽然工作平淡，但他的心灵深处却拥有崇高、永恒的精神家园，精神不再空虚。

男人要有独立的人格、高贵的精神，首先必须学会独立思考，不人云亦云，对于并非自己亲眼所见、亲耳所闻的话语或事情不盲目相信，要经过细致的考察和调研，用事实的力量征服先入为主的偏见。其次要有胆量和策略，不冲动不莽撞。

独立人格来之不易，因为生命本身就来之不易。能够生而为人，这本身就是一件很不容易、很幸运的事。既然生命来之不易，我们就应该自始至终拥有完全独立的人格，不拘于外物，不以外界的得失进退扰乱心志。面对权威的时候，只要是对的就要据理力争，坚持到底。遭遇了别人的误解，不要绝望，只有坚持自己的信念，才能笑到最后。

◆ 良方21：男人，就应该对自己“狠”一点

男人这辈子挺难的：找个漂亮老婆吧，太操心；找个不漂亮的吧，又不甘心。光顾事业吧，人家说你没责任感；光顾家吧，人家又说你没本事。专一一点吧，人家说你不成熟；花心点吧，人家说你是禽兽。有钱吧，人家说你不是好人；没有钱吧，人家骂你窝囊废。面对如此艰难的境地，男人，不对自己“狠”点，行吗？

有人说男人很坚强，其实男人在某种意义上比女人脆弱，从他出生的第一天起就注定了终生要奋斗和拼搏。上有老下有小，累了不能歇，苦了不能倒，受再大的委屈也得忍，收入再高也得算计着油盐酱醋，流血流汗却不能流泪。常言道："男儿有泪不轻弹，只因未到伤心处。"有人说男人应该是成熟的，但是只有男人们自己能理解，成熟不是心变老了，而是眼泪在打转却依然能微笑！

男人是坚强的，因为有期待的眼神在看着他们，他们是妻儿的依靠，是家庭的顶梁柱。

男人是成熟的，因为他们是儿子、是丈夫、是父亲，他们在各种人生角色中慢慢变得成熟。

男人是有责任心的，因为父母需要照顾，妻子需要保护，孩子需要关怀。为了自己所爱的人，哪怕撞得头破血流也会露出灿烂幸福的笑容。

男人是有爱心的，在幸福的小家之中，老人、妻子、孩子因为你而幸福；在社会这个大家之中，深谙生活艰辛的你是不是常常心生怜悯而助人一臂之力呢？有爱心的男人是可爱的，男人也正因为有了爱心而魅力四射。

男人是伟大的，正因为肩负了这么多的责任，他们不仅不会被社会所遗忘，反而是社会的支柱，是社会这场多幕剧的主角，是社会和谐快乐的源泉。男人辛苦，但少见其叫苦，很多的委屈只能自己忍受，再多的泪水也只能往心里流，赡养父母、照顾妻儿、建设社会，能说不伟大吗？

男人要对自己"狠"一点，意味着一种意志，意味着一种为了达到自己的目标而百折不挠的坚强决心。

男人要对自己"狠"一点，意味着一种骨气，意味着活就要活出尊严。不攀附权贵，不媚上欺下，不见风使舵，不过河拆桥。

男人要对自己"狠"一点，并非是为了达成目的而不择手段，更不是一味"明知山有虎，偏向虎山行"的愚勇，它还需要一种智谋，一种"运筹帷幄之中，决胜千里之外"的智谋。

◆ 良方22：为未来作准备

未来是否精彩，关键在于谋划。人生不是一场闹剧，不可以肆意胡来。人生应该是有目的、有价值追求的，人生的弧度因孜孜追求和不懈奋斗而变得优美。一个不懂得为将来作筹划的男人，注定不会有大的成就。

对于男人来讲，大到成就事业，小到生存糊口，都少不了未雨绸缪。人生要有谋划，没有谋划的人生不清晰，没有愿景，也没有为之奋斗的乐趣；事业要有谋划，没有谋划的事也不会取得成功，事业的成功就是人生每个时期阶段性目标的总和；学习要有谋划，学习不是为了所谓的文凭，而是为了提高自身的素质和能力，学习是一辈子的事情，要活到老学到老，但不能盲目，能够学以致用才是根本。

成功是每个男人都梦寐以求的，但却不是每个人都能拥有的。只有善于谋划，精于策略，才能出奇制胜。谋略是成功的关键，能转败为胜、能以弱胜强、能以少胜多，而充足的准备则是其重要的组成部分。

谋划人生，把有限的人生安排得既充实又精彩。我们虽然无法决定生命的长度，却可以决定生命的厚度。人生有了谋划，就好比建筑有了蓝图。

人生一世，有人活得明白，有人活得糊涂。明白的人善谋划，明白自己活着就要做点事，在什么时候该干什么就干什么；糊涂的人，昏头昏脑，不明白自己活着要做些什么。看来，人要想活个明白，就必须及早有个谋划，而且这个谋划要有针对性，每一个时期该做什么、怎么做，心中要有数。人的一生看似漫长，实则非常短暂，掐头去尾，有所作为的时间也就30年。前20年不明事理，后20年事理难明，你说真正属于自己的时间还有多少？

我们不妨给人生划一划界限，以每五年为一个阶段。

25岁之前是储备阶段，这个阶段主要是成长、学习求知、掌握一些必要的知识，为今后的生存打下良好基础。

25～30岁为定位阶段，自己该做什么、怎么做，理论上和实践上都已经开始了尝试，找准人生定位。

30～35岁为立足阶段，无论你在哪个岗位，无论你在做什么，都已经通过打拼开始站稳脚跟了，这时更需要不懈努力，而不是朝三暮四。

35～40岁是中坚阶段，这个时期通过自己的努力，你已经成为所从事行业的行家里手，并且可以自豪地成为骨干力量，这是最年富力强的时候；但不要冷落了自己的家人，因为家也需要经营。

40～45岁是小康阶段，这个时期，你已经积累了一定的财富，家庭稳定，事业有成，日子也过得红红火火。但这个时候担子不轻，精神和心理负荷都很重，一定要调整自己的心态，学会自我减压，不然就容易出问题。

45～50岁为传导阶段，这个时期，你应该注意培养年轻人，将自己的经验传授给他们，让年轻人有充分施展才华的机会，不要怕年轻一代抢了你的饭碗，心胸最好开阔些。

50～55岁为让贤阶段，对大多数人来说，这个阶段都要懂得急流勇退，因为此时不会有太大的作为了。在这个阶段，健康、快乐、心情舒畅，比什么都重要。

55岁以后为隐退阶段，不要还对自己的过去津津乐道，有话回家好好说！

明白了这些，你就会利用有限的时间去做一些自认为最有用的事情，而不至于总是庸庸碌碌、怨天尤人。趁早抓住大好年华，切实抓紧有利时机，奋力拼搏发展自己，力争学以致用、学有所成，如此才不枉过一生。

第三章

红枣就像过往的岁月一样，总有让人反复咀嚼、反复回味的地方；又好似我们怀想大地里的一粒种子，一有合适的阳光和水分，它就会生根发芽，让人禁不住在岁月的大树前轻吟生活带给我们的感动。

红枣粥：曾
经沧海，岁
月沉积

良方23：正直为人生保驾护航

得道多助，失道寡助。人品对于一个人来说是相当重要的。人品好的人无论走到哪里，无论遇到什么样的难题，只要别人知道你、了解你，总会有人出手相助，使各种难题都能得到圆满解决。而品行不端的人，到哪里都会如临深渊、如履薄冰，都会在困难面前陷入绝境；有了难处，别人也大多会袖手旁观，甚至会被人落井下石，使自己陷入雪上加霜的悲惨境地。

对于做大事的人来说，更需要有一种浩然正气，心有正气才能正人正己，才能镇邪驱恶。心术不正的人是不会干出好事来的，正所谓："正心一点通公道，邪念滋生坏乾坤。"怀有恃权之心的人喜好整人，倚仗权贵的人欺凌弱小，"独裁分子"总会贬低他人，有营私之心的人往往拉帮结伙，有嫉贤之心的人经常搬弄是非，喜欢邀功请赏的人多欺上瞒下，爱慕虚荣的人会争功夺赏，贪图享受的人好逸恶劳，好色之人不知礼义廉耻，猜疑心重的人偏听偏信，正道、正义、正直、正派才是人的最美好的期盼。

在我们的现实生活中，无论任何时候都会有真善美和假恶丑，而正气终究战胜邪恶是永远不变的真理。即使在一些特殊的历史阶段，那些歪风邪气占据了上风，也一定只是暂时的，最终会被正气战胜。我们虽然是普通人，但却不能没有理想、信念和追求。头可断，血可流，就是不能没有脊梁骨，不能丧失人格。一句话，做人要堂堂正正、顶天立地。中国五千年的文明证明，品德高尚的人会让后人津津乐道，而品行不端的人绝没有好下场。

有一个很有意思的现象：我们在工作实践中，人们往往能够原谅一个品行很好但能力偏低的领导，而不能原谅能力很强但人品恶劣的领导。这样说并不是降低能力在领导工作中所起的作用，而是告诉大家一个很简单的道理：无论是做人还是做官，一个人如果品行不端，其他人就会采取远离躲避甚至激烈对抗的态度。古人讲的“人可一生不仕，不可一日无德”、“先修身而后求能”，都说明了修养、品行对个人成长和社会影响的重要性。没有良好的人品做基础，是成就不了大事的。一个品行不端的人也许能够升官发财，但迟早是要遭到唾弃的，也经不起时间的考验，栽跟头、吃大亏是早晚的事，现实中这样的例子比比皆是。一个能够以仁爱之心对待别人的人，别人也会用仁爱之心来对待他；一个懂得尊重别人的人，别人也会尊重他。所以，有了好的人品作保证，做人才坦荡，做事才顺畅，做官才通畅。一句话，品行端正的人是最受欢迎的人。

做人应做一个正直的人，“其身正，不令而行；其身不正，虽令不从”。人生在世，最重要也最难的就是把自己这个“人”字写正了，要真正做到顶天立地，才会有服众的基础和资本。真正的大丈夫所应具备的品质就是做人一定要堂堂正正、光明磊落，做官一定要一身正气、两袖清风，做生意要诚实守信、买卖公平。老百姓讲究一个天地良心，“在上位，不凌下；在下位，不援上。正己而不求于人，则无怨。上不怨天，下不尤人。”为人处世也好，为官从政也好，经商赚钱也好，必须先打好正直高尚的道德根基。

◆ 良方24：要有容人之量

有人说，世界上最广阔的是海洋，比海洋更广阔的是天空，比天空更广阔的是人的胸怀。

有人说，宽容是一种风度、一种境界、一种魅力，是一笔宝贵的精神财富，也是健身的良药。

还有人说，女人宽容是气质，男人宽容是气度。

无论怎样去评价，宽容总是给人一种大度的气质美。

宽容是一种美德。"宰相肚里能行船，将军额头跑得马"、"忍一时风平浪静，退一步海阔天空"，这是君子的作风，是智者的行为。"海纳百川，有容乃大"说的就是这个道理。宽容更是一种智慧。它不仅体现着人性的仁爱，更体现着一种智慧的技巧。它会让高尚者的心灵更清澈，让卑鄙者的灵魂更龌龊。

宽容是人类生活中至高无上的美德。因为宽容包含着人的心灵，因为宽容可以超越一切，因为宽容需要一颗博大的心。宽容是人类情感中最重要的一部分，这种情感能融化心头的冰霜。

宽容是一种无声的教育。唯有宽容的人，其信仰才更真实。最难得的是那种不求回报的给予，因为它以爱和宽容为基础：要得到别人的宽恕，首先要学会宽恕别人。尽管我们不求回报，但是美好的品质总会在最后显露它的价值，这更让人感动。责人不如帮人，倘若对别人的错误一味挑剔苛责，只能更加令人反感，而且可能激起逆反心理一错再错。

宽容的伟大在于发自内心，真正的宽容总是真诚的、自然的。宽容是一种充满智慧的处世之道，吃亏是福，误解、谩骂、忘恩负义，都不去计较，这种吃亏，其实就是一种宽容的智慧、一种容人的雅量。以一种博大的胸怀和真诚的态度去宽容别人，就等于送给了自己一份神奇的礼物。

宽容是一种博大精深的境界和意境，是人的涵养。宽容是处世的经验、待人的艺术、为人的胸怀，它能包容人世间的喜怒哀乐，使人生跃上新的台阶：与别人为善就是与自己为善，与别人过不去就是与自己过不去。只有宽容地看待人生和体谅他人时，我们才可以获得一个轻松自在的人生，才能生活在欢乐与友爱之中。

失败时多一份宽容，心中就会少一份懊悔和沮丧，就能在心底扶起一个坚强的自我。宽容别人也是宽容自己，给别人留一些空间，你自己将得到一片蓝天。一个宽容的人，到处都可以契机应缘，和谐圆满。

“世界上最广阔的是海洋，比海洋更广阔的是天空，比天空更广阔的是人的胸怀。”人人多一份宽容，人类就会多一份理解、多一份真善、多一份珍重与美好，生活中的酸甜苦辣也将化做五彩的乐章。在生活中学会宽容，你便能明白很多道理。献出你自己，学会宽容，乐于赏识和称誉他人，并时刻保持能够使自己得到成长和增加学识的灵活性——这一切便产生了幸福、和谐、美满和事业有成。这就是一个人丰富多彩的生活应有的特征。

通常所说的“宽容”，即要原谅他人一时的过错，不锱铢必较，不耿耿于怀，和和气气地做个大方之人。在遇到矛盾时，宽容大度往往比过激的报复更有效。它似一捧清泉，款款地抹去彼此一时的敌视，使人们冷静下来，从而看清事情的本来缘由，同时也看清了自己。

更进一层次的宽容不仅意味着不计较个人的得失，更意味着能用自己的爱与真诚去温暖别人的心灵。心静如水的宽容已属难得，雪中送炭的宽容更显可贵、更令人动容。

宽容是一首人生的诗。至高境界心平气和的宽容，不仅仅表现在对日常生活的某一事件的处理上，而是升华为一种对宇宙的胸襟，对人生如诗般的气度。宽容的含义也不仅限于人与人的理解与关爱，还应包括内心对于天地间一切生命产生的旷达与博爱。

不必为生活的平淡与多舛而心存芥蒂，选择宽容将丝毫无损于我们的尊严，反而可以帮助我们在漫长的生命之河中穿越平庸。

做人要宽容大度，做男人更要宽容大度。大度的男人，不仅仅是能容物、容人、容事，更重要的是要有一个宽阔无垠的胸怀，去包容，去忍让。

男人的大度不是成功时的豪放和洒脱，而是陷入困境时的一种平和宁静。在顺利时，不骄，不奢，不狂，不傲；在危难时，不气馁，不沮丧，不彷徨，不沉沦。能勇敢地去面对一切、承受一切，从而改变一切。

大度的男人，要从高起点做起，要有高瞻远瞩的目光、清醒的头脑和冷静的思维。只有大度的男人才愿承担责任，挑起大梁，面对挑战。

男人的宽容大度，不是粗鲁，更不是武断；而是一种果敢、一种气魄、一种精神，更是一种力量。

大度的男人不去斤斤计较，他们展望的是未来，等待的是时机；大度的男人心怀慈爱，他们会付出，但不求回报。大度的男人不嫉妒、不自私、不贪利，拿得起放得下；大度的男人不仅能支撑起自己的家庭和事业，更能包容和接纳亲人、朋友甚至对手。没有宽阔的胸襟，永远成就不了宏伟的事业。

良方25：谦逊是一种境界

大巧若拙，大辩若讷，大勇若怯，大智若愚，这些都是生活的智慧。有人说，对上级谦逊是一种本分，对平级谦逊是一种和善，对下级谦逊是一种高贵，对所有的人谦逊是一种安全。经验告诉我们：谦逊可以使一个人从平凡走向辉煌，而狂妄则往往使一个人从巅峰跌向深渊。

做人做事谦逊低调，不刻意显示自己，这既是一种人生境界，也是一种处世智慧和人格魅力。然而，现实生活中却有些人喜欢张扬高调。表现在学习上，喜欢吹嘘自己的博学与能耐，看过几本书，就自诩为饱学之士，满腹经纶；写过几则公开发表的小文，就自封著名诗人、作家。表现在工作上，喜欢凡事必称大，满足于铺大摊子，搞大动作，求大效应，讲大排场，提大口号，定大目标；有的事情还没有做，就开始说大话，刚刚干出一点成绩，就心浮气躁，忙着上报材料、总结经验、推广做法。

喜欢张扬的人，虽然容易引起他人的注意，也许能慷一时之慨、开一时之怀、求一时之名、得一时之利，但这种人往往

行之不远、登之不高。

老子曾告诫世人："自见者不明，自是者不彰，自伐者无功，自矜者无长。"不张扬的背后隐含着真正的大智慧、大聪明。

为人谦逊不张扬，需要有厚实的内功为支撑，只有一个人的知识、阅历、素质、修养达到足够的积淀时，才能真正做到不说张扬之语、不干张扬之事、不逞张扬之能。

为人谦逊不张扬，不是消沉、保守。而不张扬的本身，是很有自信，在于他们内心深处蕴藏着勃勃生机和无限活力，处于低谷不颓废、遇到困难不退缩、一帆风顺不得意、成绩面前不炫耀，永远保持着踏踏实实、平平常常、自自然然的生活态度和格调，以求成熟、理性、豁达、自重、睿智处世。

为人谦逊不张扬，既要开阔视野、提升自身人格修养，又要常怀一颗平常心。不论在什么情况下，对名利、进退、荣辱都要看得淡一些、超脱一些，得意时淡然，失意时坦然。

良方26：静下心来思考人生

世界上最可怕的事情不是不知道，而是知道了却不作为，或者麻木地知道。从求学阶段开始，我们就接受着各种各样的大道理，但直至工作、创业，还仍旧时不时地出现这样的情况：道理听了千百遍，却还要在跌撞得头破血流后才醒悟。与其说是执著，倒不如说是悟性低，实际上是心态不开放的表现，这叫后知后觉。当然，后觉还好，怕就怕跌撞过后仍把顽固当个性。

我们都需要为下一次跌撞作准备，哪怕不知道何时何地因何原因而跌倒。

储备感觉与储备知识同等重要，当代人其实并非知识匮乏，反而是知识过剩，有太多的杂事围绕着我们，比如应酬，比如生计，比如各种琐事。

以下这些大道理，是否似曾相识？是否觉得随便就能说出个所以然？但又有多少人能够做到这几点呢？大道理不是用来挂在嘴边的，而是用来不断刺激我们前进的。

思考你想要的生活

如果你对自己当下的生活状态不甚满足，甚至到了绝望需要拯救的时刻，那么，此刻最好的疗伤医生就是你自己了。任何人都可以过自己想过的生活，关键在于只有你能帮自己作决定。因此，现在的你，请少些抱怨，多些思考与行动，过自己想要的生活并非难事。

明白你为谁工作

有人说，职场上最悲哀的事情，就是无法选择自己的老板。如果当下的你因为遭遇老板的不公平待遇，每天处在愤愤不能自拔的工作状态中，那么，大可以以退为进，“甩”了他！要知道，工作除了满足我们自身的物质需求外，更是表达自我社会意义的一种价值认同。工作在很多时候都是刺激生活的冲劲和动力，因此，你必须将需要优先考虑的事重新排序，在工作中追求自我成就感，不要因为老板的原因而忘掉工作的实质目标，同时更要调整你对自己和对他人的期望值。

找到“穷”与“富”的平衡点

其实“穷”与“富”并没有绝对意义上的数字划分。有钱到底意味着什么，所有人对此都有不同的见解。最让人吃惊的一个事实就是：人们总认为比自己的钱更多的那些人便是有钱人。要搞清楚要钱干什么、钱将怎样改变你的生活，而不仅仅是确定一个数字然后拼命朝这个数字去努力。

必须积累财富

虽然金钱不是万能的，但在这个经济高速发展的时代，积累财富无疑是提升我们生活品质的必经门槛。理好财，我们不仅会享受到财富数字增长的乐趣，更能享受到财富带来的品质生活。

适时地控制欲望

有人认为，通过满足欲望的手段进行资源扩张后就会获得一种幸福感，比如要住豪宅，买到了便觉得幸福。但为什么全世界沿着这条路走的人最终都解决不了幸福的问题呢？原因就在于欲望永远比满足欲望的手段跑得快，而且欲望是永远满足不完的。

清晰的人生规划

在充满变化的世界里，对于未来，我们很难掌控。但有目标、有规划的人生永远是最快乐的，因为当你为自己制定出一张清晰的人生规划图时，你便完成了一次“找自己”的过程，而在追逐自己梦想的路上，本身就是一种幸福。

持久的耐力

要想成功，必须有个目标，并为实现目标不懈努力、持之以恒。持久的耐力是获得成功的必备素质。

良好的人际关系氛围

作为社会人，拥有良好的人际关系能够帮助我们在人生的道路上获得更多乐趣，此外它还是承担伤痛与挫折的强大支撑。因此，古人有云：“有朋自远方来，不亦乐乎？”

培养自己的业余爱好

能够将个人爱好与工作结合实属人生一大幸运，而在现实中，这样的人毕竟是少数。更多的人被繁重的工作所累而忽视了自己的爱好。其实，每个人都有自己的兴趣点，当你抓住了这个兴趣点，不仅会为枯燥的工作增添亮色，更可能将其发展成为成就你一生的事业财富。

不断挑战自己

充满挑战的人生总是会被人津津乐道，人一辈子不会因为做过什么事情而后悔，而会因为没做什么事情而后悔。当然，对于幸福的人生和完美的生活状态，或许始终都没有标准答案，但只要你保持一颗平和乐观的心，拥有不断挑战的动力，享受快乐的人生并非难事。

良方27：临危不乱，处变不惊

人生不如意的事情常常发生，不管是至关重要的大事还是鸡毛蒜皮的小事，你如何应对呢？是手足无措、大发脾气还是保持冷静、临危不乱？

在困难的时刻最重要的就是要保持冷静，如果不能很好地控制自己，很可能会让事情变得更加复杂，更加难以处理。

一旦遇到困难就紧张，会在很多方面给我们带来不利的影响。首先，对身体健康不利，很容易引起心脏病和压抑症状。其次，很可能给自己的工作和人生目标带来消极影响，也许不能再像以前那样坚定地朝着自己的目标前进。

当然，我们身边也有这样的人，他们处变不惊，冷静如水。他们时刻保持冷静和清醒，身边发生的变故不会扰乱他们的心绪，不会使他们失去方寸。在面对突发事件时，保持镇定是非常重要的。在做出行为前，冷静地考

虑下周围的情形，事情将会变得更加容易控制。

自我反思

这会使你对事情的看法更加清楚，也会更好地帮你解决问题。遇到不顺心的事情，与其大发脾气，不如冷静下来好好想想所发生的一切。也许你会发现，根本就没有什么严重的事情发生，你可以搞定一切。

自我调节

你是不是经常有些消极的想法？如果是的话，那么你需要及时调节自己。消极的想法只会让问题更加难以处理，你可以通过深呼吸和冥思来帮助自己放松。

与人交流

将自己内心的想法与别人交流，也许别人可以给你一些有益的建议。除了将自己的想法说出来，还要认真倾听别人的想法。多交流，多沟通，也会收到意想不到的效果。

学会拒绝

没有人愿意一天到晚被人差使，忙得晕头晕脑。根据自己的实际情况，该拒绝他人时就要果断地拒绝。

同情他人

每个人都会遇上一些不顺心或者困难。要学会同情他人，在他人需要的时候及时伸出援手。予人玫瑰，手有余香。

◆ 良方28：不显不炫，大智若愚

一个聪明的人，往往是一个不张扬不炫耀的人，是一个大智若愚的人。成就大事者越有学问，越表现得谦逊，甚至有时会显得很愚钝，而内心里却掩藏着不为人知的大智慧。不分时间、场合炫耀自己的人，反而更容易让别人看见他的短处，更容易成为别人的靶子，也更容易被别人利用。

其实，装傻历来被看做是一种较高明的处世之道，只要一个人懂得装傻、会装傻，那么这个人就不是傻瓜，而是大智若愚的表现。做人切忌自高自傲，要懂得得饶人处且饶人。遭人嫉恨和树敌太多，一般都是锋芒太露的结果。功高震主而不注意抽身而退，最终招致杀身之祸的例子比比皆是。人与人交往最重要的一个技巧就是适时地装傻，不能为了显示自己的高明而无端指责他人。装傻既可以给自己台阶下，又可以迷惑对手，轻而易举地达到自己的目的。当然，装傻必须要有好的演技才行，要“傻”得可爱，“疯”得恰到好处。对方不识个中真相，就会钻进圈套，为己所用。而如果不能领会大智若愚的妙处，那就是真正的傻瓜了。

所谓“花要半开，酒要微醉”，一个有才华的人要有效地保护自己，不应锋芒毕露。凡事不要太张狂、太咄咄逼人，要注意克服和战胜盲目乐观、骄傲自大的病态心理，更要养成谦虚谨慎的作风。当你志得意满时，切不可趾高气扬、不可一世。无论你有怎样出众的才智，取得了怎样突出的成绩，都要牢记：不要把自己看得太了不起，更不要认为你比任何人都聪明。

我们要在低调中修炼自己，低调做人无论在官场、商场还是政治军事斗争中都是一种进可攻、退可守，看似平淡、实则高深的处世谋略。

大智若愚，实乃养晦之术。“大智若愚”，重在一个“若”字，这种甘为愚钝、甘当弱者的低调做人术，实际上是精于算计的隐蔽，它鼓励人们不求争先、不露真相，让自己明明白白过一生。

良方29：学识素养决定做事的深浅

好男人不仅要有好的外表，更要有内在的学识素养来作为支撑。学历和文凭对于一个好男人固然重要，但也绝不止于此，更重要的是要有不断学习的精神。如果一个男人不思进取、学识浅薄，那将会被人们所不齿。所以，男人一定要注意学识的积累，只有不断地加强学习，提高素养，才能在人们面前树立良好的形象。

一个人一旦拥有了学识，就是永远也抹不掉的魅力。有人说，才华、学识是一种永不褪色的魅力。富有学识的人，哪怕到了暮年，同样会受到人们的赞赏和羡慕。超群的学识、出众的才华、内在的气质，是人们赞誉他们的资本，这样的男人才是最有魅力、最有涵养的。

学识可以弥补其他方面的不足，它遮盖了老去的容颜、残疾的身躯，光彩照人。为什么学识会有如此大的力量？一句老话说得好：“一俊遮百丑。”这里所说的“俊”，当然不是美丽的容颜，而是卓越的才华。这些东西都是无形的，但它不仅可以弥补身体自然的缺陷和不足，还可以让魅力无穷。所以说，一个人的美丽不只在外表，表面的美丽只能代表一段时光，而真正代表永恒的是一个人的学识、才华、涵养和内在的气质。

生活中有一些人靠着自己英俊的外表吃着青春饭，不得不说，他们是可悲的。一个男人的魅力体现，并不是吸引他人的俊朗外表，而是他的学识。有学识的男人，才能透露出他的涵养和气度。

一个男人，一个肩负事业和家庭伟大使命的男人，一个女人仰仗的丈夫、子女依靠的父亲，当然要有风度。一个有风度的男人，应该是一个优秀的男人；而一个优秀的男人，一定要有学识。

学识是一种内涵，它不会随着时间的流逝而消失，它潜藏在人的思想和头脑里。一个有事业心的男人，除了要有吃苦奋斗的精神外，还要有丰厚的学识来奠基自己的人生，这也是他们工作和生活中最有力的武器。

良方30：个人眼界是人生的罗盘

一个人的高眼界可以在某种程度上弥补他在某些方面的不足，其思想观点的力度以及理性的热情，已经赋予了他一种不同凡响的能力。个人眼界是一个人塑造自我形象的重要因素，它在很大程度上决定着一个人能否成功。

可以说，个人眼界是指南针。一个人即使样样具备，倘若缺少眼界，就像盛装打扮之后，却没有地方去一样；但如果凡事都有所见、有所识，就会给形象塑造指明方向。一个人的形象就如同一列轰鸣向前的火车，其他因素是轮子，个人眼界则是火车头。

一般说来，一个人越有远见，眼界越高，就越有潜能。眼界能带来巨大的成功，能打开不可思议的机会之门，能增强一个人的能力和形象。

然而，眼界跟正确的思维方式一样，不是天生的。眼界是一种可以培养出来的本领，这种本领也可能被限制。一个人的眼界如何，一般受以下因素影响：

个人经验

以往的经验比其他任何因素都更能限制一个人的眼界。人们常常以过去的成败来看将来的机会。如果一个人的过去特别艰难、困苦、不成功，那么，他必须加倍努力，才可以得到将来的光明前途。对一个人来讲，如果他认定自己不能成功，可能就局限了自己的眼界。只有不断开动脑筋，有远大的理想，才会发挥出最大的能力。不要忽视自己的潜能，否则会影响高超能力的发挥。

人生境遇

要成就一番事业，无论到了什么时候，不管遇到什么问题、逆境和障碍都要敢于追逐梦想。许多杰出的人物都曾面对过无数的困难，但都因为具有别人所不具备的远见最终取得成功。

人人都有各自的难题，有些是生来就有的缺陷，有些问题是我们自己招来的。无论如何，都不要让这些问题毁掉自己的远见、制约自己的眼界，如此才能够成就一番大事业。

现实处境

有人说，人生在世，最紧要的不是我们所处的位置，而是我们活动的方向。在何时、何地开始，我们有时是无法选择的，但如何看待现实、预测未来，不同的人会有不同的选择。很多人认为目前的处境决定了自己的命运，他们向环境屈服，觉得自己好像已没有了别的选择，其能力自然很难发挥。如果我们有要做成一件事的强烈愿望，并乐意为之付出代价的话，那么，几乎没有什么事情是办不到的。无论你目前处境多么复杂，也别让它剥夺了你的理想。

总之，我们可以有针对性地调整、修正自己，不断拓宽自己的眼界，从而提高自己的能力，塑造自己成功的形象。

良方31：细节彰显人格魅力

伟大来自于平凡。我们每天需要做的事，就是重复着平凡的工作。“天下大事必作于细，天下难事必作于易”，意思是说，做大事必须从小事开始，天下的难事也必定先从容易开始。人们往往都想做大事，但不愿意或者不屑于做小事。但事实上，芸芸众生能做大事的实在太少，多数人的多数情况是只能做一些具体的事、琐碎的事、单调的事，也许过于平淡，也许鸡毛蒜皮，但这就是工作，是生活，是成就大事不可缺少的基础。

随着社会经济的迅速发展，专业化程度越来越高，社会分工越来越细，也要求人们做事认真、精细，否则会影响整个社会体系的正常运转。如：一辆汽车，有成千上万个零部件，要多个工厂进行生产协作才能顺利完成。在由众多零部件所组成的机器中，每一个部件都容不得出现半点差错，否则生产出来的产品不单是残次品、废品的问题，甚至会危害人的生命，正所谓“失之毫厘，谬以千里”。

所以，要保证一个由无数零件所组成的机器的正常运转，就必须从技术和组织管理上把各方面的细节有机联系起来，形成一个统一的系统，才能保证生产和工作有条不紊地进行。在这一过程中，每一个庞大的系统都是由无数个细节结合起来的统一体，忽视任何一个细节，都会带来想象不到的灾难。如果没有严格、认真的细节执行，即使再英明的决策也是难以成为现实的。可以毫不夸张地说，无论是市场竞争还是社会管理都已经到了细节制胜的时代了，一个小小的细节很可能关系到企业的成败和个人的命运。

注重细节、把小事做细不是一件容易的事。做事就好比烧开水，99℃距离沸腾虽然只有一度之遥，但如果不再持续加温，是永远也不会沸腾的。只有烧好每一个平凡的1℃，在细节上精益求精，才能真正达到沸腾的效果。

当我们学习时，要注意多多观察其中的细节；当我们集中精力，想在平凡的岗位上创造更大的价值时，就要心思细腻，从点滴做起，以认真负责的心态对待每个细节。

总之，无论做人、做事，都要注重细节，从小事做起。“泰山不拒细壤，方能成其高；江海不择细流，故能就其深。”想做大事的人有很多，但愿意把小事做细的人很少；我们不缺少雄才伟略的战略家，缺少的是精益求精的执行者。我们必须改变心浮气躁、浅尝辄止的毛病，提倡注重细节，这样才能适应社会发展的变化。

看不到细节，或者不把细节当回事的人，对工作缺乏认真的态度，对事情只是敷衍了事。这种人无法把工作当做一种乐趣，而只是将其当做一种不得不受的苦役，因而在工作中缺乏热情，得过且过。他们只能被动地做别人分配给他们的工作，即便这样也不能把事情做好。而考虑周全、注重细节的人，不仅认真对待工作，将小事做细，而且注重在做事的细节上寻找机会，从而使自己走上成功。所以，把细节做到极致就是完美。

生活细节向来与个人发展息息相关。细微之处见端倪，很多事情都可以从生活细节中看出个究竟、找出个所以然。生活细节往往在一定程度上反映出一个人的思想性格和为人处世原则，基本上相当于个人的“名片”，是认识、了解一个人的重要途径。所以，注重个人生活细节，保持好的细节习惯，是让自己表现得更出色、更能得到别人认可的一大关键，对个人日后的发展有着不可忽视的帮助。

这是一个细节取胜的年代，任何方面要想有所成效，对于细节的处理都必须精益求精。注重细节是一种工作和生活的态度，看不到细节的重要性或者根本不把它当一回事的人，对待工作的热情是有限的。这样的员工，对待工作往往是敷衍了事，永远不会站在一个更高的角度审视事物，不会在工作与生活中找到适合的立足之地，更不可能在工作中创造出最大的价值。事实上，完善生活细节也就是在完善自我的品格与生活态度。

在竞争日益激烈的现代社会，生活细节的作用与魅力有时更是惊人的，说不定在某个时刻它就会显示出奇特的力量、收到意想不到的效果，无形中让你提高工作绩效，得到上司青睐，甚至提升你的人格，让你获得更好的发展机会。

◆ 良方32：走进不抱怨的世界

静观身边的人和事，你会发现抱怨如影随形，几乎没有什么不是我们的抱怨对象：工作的繁忙、生活的忙碌、薪水的微薄、天气的变化等无不成为我们交流中抱怨的话题。人们喜欢在喋喋不休的抱怨中发泄自己的不满，在永无休止的抱怨中实现自我优越。我们难以且极不情愿地意识到，我们所厌恶的种种问题，譬如身边人无休止的抱怨，同样存在于自己身上。

你是一个爱抱怨的人吗?

你数过自己每天抱怨的次数吗?

你知道抱怨会给我们带来什么吗?

也许，在我们正大力提倡环境保护的同时，也该为自己的心灵做做环保了。

城市生活中，要求一个人做到不抱怨简直就是过分苛求。糟糕的天气、拥挤的环境、忙乱的工作、冷漠的人群……与环境保护的急迫性相较而言，我们心灵受污染的程度也相当严重。我们都已经习惯一旦出现任何问题或过错就先抱怨几句，是推卸责任也好，是心理不平衡也罢。然而，当有一天周遭

的一切都成为我们抱怨的对象时，我们的世界是否就因此变得更美好了呢?

我们真的面对这么多的不顺吗? 抱怨让我们的生活发生了积极的变化吗? 大多数人都会坚定地回答：没有。太多的抱怨只是增添了我们无尽的忧愁，只是让我们更加悲观地去面对生活。

然而，为什么人们总要抱怨? 也许是因为人们只看到了生命中缺憾与不完美的一面而忽略了其中的美好。

抱怨是容易的，抱怨带来发泄的轻松和痛快，犹如乘舟顺流而下，是人类顺应自己负面思考的天性使然。而停止抱怨，改用积极的态度去欣赏事物美好光明的一面，却需要意志力。

人生不可能总走上坡路，情绪也会有高峰和低谷，但是，抱怨一切并不会改变生活的不如意。抱怨自己的人，应该试着学习接纳自己；抱怨他人的人，应该试着把抱怨转成请求；抱怨老天的人，请试着用祈祷的方式来诉求你的愿望，让自己的世界充满平静喜乐、活力四射的正面能量。

不抱怨生活，我们将收获快乐的人生；不抱怨家人，我们将拥有惬意的生活；不抱怨工作，我们将体味成功的喜悦；不抱怨同事，我们将享受和谐的环境；不抱怨朋友，我们将品味真挚的友谊。

◆ 良方33：心无旁骛，成功指日可待

要想在自己的工作中做出成绩，首先要专注于你的工作，否则你将一事无成。要知道，专注的程度越大，在工作中取得成绩的可能性就越大，发展机会也就越大。人应该努力专注于当前正在处理的事情，如果注意力分散，头

脑不是在考虑当前的事情，而是想着其他事情的话，工作效率就会大打折扣。

即使事情再多，也要一件一件地进行，做完一件事就了结一件事。全神贯注于正在做的事情，集中精力处理完毕后，再把注意力转向其他事情，着手进行下一项工作。

成功就是简单的事情重复做。我们都无法预测好运气什么时候到来，我们也无法精心设计各种机遇，但是我们可以专注于自己的兴趣和工作，持之以恒，定能闯出大名堂。一生只做一件事，做好就是大成功。

瞻前顾后的不必要的担忧只会使你的心态变得消极，引起你自信心的下降，影响你做事的效率。做事情一定要注意集中精力，一旦有所分散就容易远离目标。

工作中会遇到各种各样的事情，也许好强的你恨不得将所有事情一下子全都做完，希望自己在各个方面都能取得令人信服的成就。这样做的结果就是将你自己淹没在繁杂的事务中，每件事情都去做，但每件事又都做不好。要知道，只有专注于自己该做的事情，你才有可能取得成功。

人的精力都是有限的。有些人每天忙忙碌碌，不停地为自己的生活奔波，甚者连个喘气的机会都没有，但到头来，收获反而比不上那些看似悠闲的人。

因为那些取得成功的人一般都是专注于一件事情，而前者却往往贪多，同时奔波于许多件事情之间。

我们必须明白，有些天分是与生俱来的，不要盲目地追寻别人的长处，要多关注自己，挖掘自己的长处，将精力用于自己所擅长的事业。那么，成功对你来说只是一个时间的问题。

第四章

当归补血活血，可助羊肉活血祛瘀；生姜发汗解表，可助羊肉补虚温中。人生也是如此，“他山之石，可以攻玉”，凭借他人的帮助，可以使自己的路走得更顺、更远。

当归生姜羊
肉汤：左右逢
源，无往不利

良方34：沟通是增进理解的基础

现今时代，沟通在人际关系上、教育上、商业上都很重要，它是人们相互理解、实现目标的重要手段。善于沟通的人，成功的概率也会大上几分。相反，不善于沟通就会产生种种弊端，比如做事主观武断、不理解别人、处理问题不切实际，也容易出现自傲自卑等心理问题。

“沉默是金”的信条在实际生活和工作中正在逐渐失去光彩，毕竟生活中我们需要的是合作。善于沟通是一种艺术，是透过眼睛和耳朵的接触，把我们自己投射在别人心中的艺术。其实，沟通没有想象的那么难，最伟大的沟通技巧就是重视别人的意见，说出自己的想法。掌握以下技巧，沟通将不再困难。

第1招：认清人生的意义以及毕生为之全力以赴的目标。为什么要这么拼命？因为你必须对得起自己的良知。想要成为一个人际关系高手，第一步就必须先确认自己的价值观；若是连这个都摸不清楚，就很难去看透人生的意义，更不用说什么成就感了。

第2招：列举出到目前为止的五个重大成就。知彼者，智也；知己者，大智也。

第3招：明白自己有哪些专长和资源正是他人所迫切需要的。无论你的专长是得自专业训练还是业余摸索，都可转化成一股强劲的人际关系动能，千万不要妄自菲薄。

第4招：挥别独行侠的日子。还想像小学生那样科科争第一？别傻了，这个世界只有团队成绩，因此也没有所谓的“第一名”。告别独行侠的生涯，你的人生将从黑白转为彩色，全新出发。

第5招：为自己建立自信，自助助人。人人都有改造世界的能力，你自然也不例外。多参加一些活动，帮助别人，也是帮助自己。

第6招：拟订短期与长期奋斗目标，定期予以审视与修改。工作计划簿有用吗？有，至少可以让一个人培养出三分钟的热度。拟订目标不仅可以督促自己，也能让别人得知你有哪些需要。只要你勤于跟别人沟通，那你的朋友自然就知道你有什么困难，进而借着人际关系这张大网来帮你早日实现自己的梦。

第7招：绘出一张人际关系网络图，显现出自己在这项资源上的多样化与触角纵深。人际关系网的特色是：每个成员都是老大。如果你能保有最新版本的人际关系图，就不难得知在眼前这一刻该如何以自己为主角，来善用你的人际关系资源。

第8招：以一种相当专业化的方式来作自我介绍。在很多场合下，你所表现出的外在形象要远比你真正的本事来得重要。

第9招：以简洁得体又别出心裁的方式来作自我介绍。无论是在何种社交场合，扩展人际关系的第一课就是要学会自我介绍。要设法出奇制胜，让对方牢牢地记住你，而且是记得正面的形象。

第10招：技巧性地打开话匣子。为什么我们经常错过许多广结人缘的机会？就是因为我们常把那些黄金时段用来绞尽脑汁，却还是挤不出一句合适的开场白。无论是主动或被动去打开话匣子都能得心应手，一旦你能达到这个境界，那把你丢在任何一个场合中，你必定都能迅速进入状态，随心所欲地去扩展人缘，为自己在生活与事业中营造一个又一个绝佳的发展机会。

第11招：有必要时，就主动再作一次自我介绍。多练习一下“纡尊降贵”，经常不厌其烦地作自我介绍，你的人际关系通道将会愈走愈宽，也愈走愈顺。

第12招：看清他们的面目，牢记他们的大名。人们其实不在乎你对他们的底细了解多少，但很在乎你有没有仔细在听。

第13招：善于在社交场合做称职的主人。只要地球上还有人类，就不愁没有机会去表达你的善意。

第14招：乐于站出来为自己打知名度。高的知名度有助于早日实现你的理念，但是为自己打知名度并不需要不择手段，适度地推荐自己，才能让人得知在什么时候能够向你求助或请教，不致让你英雄无用武之地。

第15招：无论与谁打交道，总是待之以礼。即使人生苦短，用来学礼数也是绰绰有余了。

第16招：名片必须是经过精心设计的作品。名片的功用是要让别人能想起世上还有你这号人物。当别人想动用人际关系去搬救兵时，你这张名片就是一条很重要的线索，因此在设计上千万不要草率。

第17招：随时随地携带数量充足的名片。要上阵前，先检查自己是否已“全副武装”。

第18招：在情况适宜时才递上名片。当你确信和对方有话可说之后，时机成熟时就应恭谨地奉上名片，相互约定日后联系与合作的方式，在这种稳固基础上所建立起的人际关系才能经得起考验。

第19招：在每张所收到的名片上记载日期以及相关事项，以便于日后整理与查核。当别人还不知道你在不在乎他们的时候，自然就不可能去在乎你。

第20招：不要吝于表达感激之意。成功人士有个特性，就是常怀感恩之心。

以感恩的心来对待所有曾扶持过你的朋友，主动表达你的由衷感激之意，慢慢地你会发现，不但自己的人际关系愈加牢固，别人也将以你为仿效的对象。

第21招：无论认识或不认识，只要是能给予你激励或启发，就应诚挚地向他们言谢。要以称赞来取代嫉妒之心，确实需要很大的勇气。当你因为提出一个绝妙点子而获得他人嘉奖时，内心应当很兴奋吧。将心比心，无论是认识或不认识的朋友，只要是能提供诤言者，都不要忘了面露微笑地跟他们说声谢谢。

第22招：主动寻求他人的支援。你所处的是个万物共存的和谐社会，因此单打独斗是行不通的。大多数人都是乐于助人的，因此只要你认定他们不至于帮倒忙，就给他们一次表现的机会吧。

第23招：勤于利用人际关系网来处理别人的请托事务。如果你希望自己在落魄时能有朋友为你伸出援手，最好的方法就是平时多帮助他人。

第24招：喜欢聆听朋友的心声。有正常的听力，并不代表知道要怎么去听。聆听的艺术就是：耐心听别人讲话，而且不要听错。

第25招：要有高尚节操与专业涵养。口不择言，后患无穷。人际关系的确很好用，但千万不要滥用。只要待人接物都能表现出高尚节操与专业涵养，那即使是你的死对头也会对你心服口服。

良方35：用欣赏的眼光看他人

有人认为，这是一个张扬个性的时代，在社会交际中，“欣赏自己”成了拥护声最高的“至理名言”。这本是一件好事，表明了人们已经注意到自身在社会中的价值和作用，更有利于创新能力的培养和主观能动性的发挥。但是常

有这样的人：自己有了成绩、有了荣誉就欢呼雀跃、神采飞扬，别人有了成绩、有了进步却视而不见、充耳不闻，甚至冷嘲热讽、嗤之以鼻。

这正是所谓的“物极必反”！过度欣赏自己就会发展到极端的自私自利，发展到唯我独尊的骄横和霸道，发展到“宁可我负人，不可人负我”的扭曲人格。如此“欣赏”自己，最终会孤立自己，失去朋友。

学会欣赏别人，是一种人格修养，一种气质提升，有助于自己逐渐走向完美。一个人总能在某些方面胜过别人，但在其他方面也总会有人比他强，所谓“人外有人，天外有天”就是这个道理。每个人都各有所长，随时发现别人的进步，随时为别人的成绩而喝彩，这对于一个人的生存能力、合作能力、发展能力的提高都具有重要意义。

如果你真诚地为别人取得的成绩和进步喝彩，那就是一种胸襟，一种气度。只有不断开阔自己的胸襟，才能不断拥有成就事业的吸引力和凝聚力。听到别人有了成绩就不自在，看到别人有了进步就不痛快，是心胸狭窄、气量狭小的表现。这样的人很容易成为孤家寡人，是不会有人愿意与他合作、共事和创业的。

学会欣赏别人是一种豁达的风度。“海纳百川，有容乃大”，人无完人，每个人都有自己的长处和短处，恃才傲物和妄自菲薄都是不可取的，它只会使人沦于平庸。而懂得欣赏别人就会使平庸变得优秀，使自卑变得自强，使消沉变得进取，使自满变得谦逊。

善于理智地欣赏别人的人，总会得到更多人的欣赏和帮助，从而营造一个更适合个性发展的宽松、和谐又充满人情味的人际环境。学会欣赏他人其实并不难做到，这要求我们去发现他人身上的优点，且毫不吝啬地称赞他们，这将会在人与人之间形成良性互动，使我们的工作和生活环境更温馨、更和谐。

良方36：万事以和为贵

常言道："人好水也甜，花好月也圆。"人在高兴时，心情就舒畅，耳闻目睹，一切都是那样美好，仿佛全是为自己而存在，眼角眉梢都是笑；情绪好，容易体谅、礼让、关心和帮助人，也乐意与人攀谈，接受别人的邀请。而在烦恼时，心情抑郁，耳闻目睹，一切都是那样令人生厌，仿佛都是在与自己作对，眼角眉梢都是烦；情绪坏，容易发火，粗鲁、无礼，容易伤害别人，不想接受他人的询问，即使甜如蜜、美如花的良言也会感到苦涩和丑陋，甚至动不动就恶语伤人。

中国文化的优秀传统和重要特征之一就是"和为贵"，儒家以及构成中国传统文化有机部分的流派，如佛、道、墨等诸子百家，也大都主张人与人之间的"和"。

人和泰山移，家和万事兴。

聪明人深谙“以和为贵”之道，这样的人心中很明白，做人须以求和为本，人和为宝，和气生财，没有宽松祥和的人际环境作为基础，一个人难以在复杂的社会环境下打开局面。

在日常生活中，我们可能经常会遇到这样的问题：有时一句话就会激怒他人，或者被他人激怒。当你被他人激怒后，如果也是还击一大堆的气话，也许确实可以消除自己心中的愤怒，让自己得到暂时的满足和轻松。但反过来想想，别人会心甘情愿地当出气筒吗？那种充满愤怒的声调、充满敌意的态度，果真能够使人屈从吗？这样做的结果往往是让彼此失掉了和气、淡化了友情，甚至会反目成仇。想到这些，又有谁会在说话或采取行动之前不认真考虑一番呢？

“假如你跟我耍冲玩横，我也不会用好态度回应你。”——作为普通人的我们常常会有这样朴素的念头。但是，假如你和颜悦色地表达出自己的观点，相信别人一定能够接受。人和人之间肯定会有认识不一致的地方，但只要彼此有耐心、互相尊重、开诚布公，沟通完全能够达到人们所期望的效果。

“天时不如地利，地利不如人和”，“人和”对那些成就大事的人有很重要的价值。善为大事者，都能够把握个人情感，努力营造和谐的人际关系。人是情感动物，如何学会理性控制情感就显得至关重要。人们总会遇到各种各样的变化，这就要求在变化的过程中把握自己的情感，理智地处理各种事情。感情用事是不明智的，成大事者是不会被情绪所左右的，因为他们牢记“和”字，力戒冲动。

◆ 良方37：把掌声送给对手

在现实生活中常常会遇到这样的人：自己有了成绩、荣誉，就欢呼雀跃，神采飞扬；他人有了进步，却视而不见、充耳不闻，甚至挖苦、嫉妒、冷嘲热讽，不愿为他人的成功叫好、为他人的精彩喝彩。

为何？主要原因还是自私心理在起作用。在激烈的社会竞争中，人们十分重视自我价值的实现，一事当前先看自身利益，自己的利益如果得不到满足，心理上就容易失衡，以致忽视了集体协作精神。这样的人，让他为别人的成功喝彩是很难的。但他们也不是对所有人的成功都不肯喝彩，面对与自己名利关系不大的人，会去祝贺，因为在他们看来，这些人取得成功、获得荣誉不会使自己暗淡无光；而直接关系到自己的名利和进步的，就难免内心“翻波起浪”，进而对他人冷嘲热讽。

为他人喝彩是一种胸襟、一种气度。只有胸襟开阔、气度恢弘的人，才能容纳百川，营造良好的人际关系，从而增强人格魅力，更好地成就事业。如果听到他人有了成绩就不自在、不痛快，不仅会造成自身身体和心理上的伤痛，也会使得他人因此而不愿与你接近。这样就形不成和谐的人际关系，也就很难与人合作、共事、创业。

他人的进步意味着自己的落后，他人获得荣誉就意味着自己暗淡无光，这是一种非此即彼的思维，是狭隘的，不科学的。其实，无论是事业还是生活都具有多维性，既有“两败俱伤”，也可获得“双赢”；既有“一败涂地”，也可获得“共赢”。

学会为他人喝彩，说到底是一种人格修养，对于自己逐渐走向成熟和完美有着直接的影响。学会欣赏每个人，会让你受益无穷。智者尊重每个人，因为他们知道各有其长，也明白成事不易。为别人的成绩喝彩还是一种智慧，这种智慧其实就是做人的智慧，对生存能力、合作能力、发展能力的增强和提高，都是大有裨益的。

良方38：与人交谈有诀窍

人与人之间，语言交流是少不了的，特别是在职场交谈中，谈话技巧尤为重要。但有些谈客却令人厌烦，想躲避又躲避不了，不躲避又如同坐在针毡之上。如果处在此情此景之中，我们该怎么办呢？

对探人隐私者要答非所问

每个人都有隐私，在每个人的内心深处，都有着一块不希望被人侵犯的领地。可是有些人或者出于无知，或者出于猎奇心理，每次和你见面，都要问你年龄几何、收入多少等让人不愿回答的话题。这种人虽然伶牙俐齿、巧舌如簧，但却不知谈话的要领忌讳。一般来说，一个尊重他人的人，如果知道某某事情是他人隐私，便不会去问。反过来说，知道是他人隐私却偏偏去询问者，便是不懂得尊重他人的人，他们很可能会传播是非。

遇到探人隐私者，不能有一说一，有二说二。对待探人隐私者，最好的法子是答非所问。如果他问你“谁是你晋级的后台”，你就说“全托你的福”；如果他问你“奖金多少”，你就说“不比别人多”；如果他问你

“如何追求女友的”，你就说“如果你感兴趣，待我以后详细告诉你”。总之，对于对方的提问，不是不答，但答非所问。这样的话，既不会得罪对方，又不会让对方得逞。

对唉声叹气者要注入活力

人处世上，不如意事十之八九。有些对前途悲观、谈话以我为主的人，往往将他们的不幸、苦恼和忧虑当做谈话的主题。他们不断地大诉苦水，接连地唉声叹气，使交谈的人听也不是，不听也不是。如果仔细分析一下唉声叹气者所说的不如意之事就会知道，这些事其实非常普通，并不那么凄惨，但他们却将自己的境遇说得非常严重。

与这种人进行交流，要给其注入活力。在唉声叹气者的心里，他们并不认为自己的能力差、抱负小，相反，他们强烈地希望他人肯定其有着了不起的天赋、有着不寻常的水平。与他们进行交流，应该恰当地肯定其特长，赞扬其功绩，为其注入蓬勃发展的活力。这样，他们就会对你非常亲近，并且对你感激不尽。

对道人是非者要哼哈而过

“来说是非者，便是是非人。”不要以为把他人是非告诉你的人便是你的朋友。道人是非者既然在你面前说他人的坏话，自然也会在他人面前说你的坏

话。他们乐于道人是非，是嫉妒心过盛导致的，他们心里往往巴不得他人越来越倒霉，越来越困窘。聪明人与这类人交谈是不会推心置腹的。

远离这种人的办法，是对他们说的任何是非话题都作出冷淡的反应，从而让他们知趣而退。对这种人不可得罪，对他们说的他人是非又不能赞同，与其言语交流，不如哼哼哈哈，这不失为一种好办法。因为“哼哈”是一种模糊语言，既会让道人是非者感受到你的成熟，又会让他们觉得这项话题无法再交流下去，从而中止谈话，或者使谈话朝着健康方向发展。某些情况下可以说，“哼哈”是一种不可小觑的处世学问。

对喋喋不休者要巧妙提问

与人交谈时，人们往往讨厌那种长篇大论跟你说个没完没了的人。有些人说得多，但却说不好。他们会一口气谈论整整一个上午，他们会在一个上午谈遍古今中外。他们不但天文地理能谈，男女情事也能谈；他们眉飞色舞，表情丰富；他们滔滔不绝，从不觉累。

遇到喋喋不休者，既不伤及对方感情，又让对方少说的法子是巧妙提问。一是根据他说的话题提问一些难题，让他不知怎么回答，这样一来，他就可以少说几句了。二是提问一些与当前话题无关的问题，如“打扰一下，现在几点了”等，这样一来，对方会感到有点惊愕，从而停顿下来，使你腾出时间来干一些有益的事。

对啰唆说教者要重于聆听

有些人喜欢对他人“谆谆教诲”，他们说的十句话中，你可以找出“你应该”、“你必须”、“你不能”之类的词语七八处。这种人往往自以为是，居高临下，唯我独能，盛气凌人。在他们的眼里，众人都是无知的幼儿，唯他们是博学的教授，这往往让人感到其愚腐，认为其卖弄。啰唆说教者虽然令人生厌，但对你没有坏处，而且有益。一是你可以吸取其中有益的说教；二是认认真真地倾听会使他觉得异常高兴，这对增进情谊有好处。

因此，和他们交流，要重于聆听。只要你没有急需办的事项，不妨静下心来，听一听，记一记。还可以适时地重复一两句他说的话语，或者就某个问题询问一两句。相信这种做法定会使你收到极大的益处。

对自我炫耀者要幽默风趣

有些人见到他人，一张嘴便是“我人缘好”，一出口便是“我能耐大”。明明自己是“1”，偏偏说成是“2”。听者为此觉得脸红，他却不知羞。自我炫耀者既是个自卑者，又是个自负者。这种人常常外强中干，其吹牛的目的只不过是为了引起大家对他们的关注，以满足自己的虚荣心。这种胡乱吹嘘给人一种巧言令色、华而不实之感。和他们进行交流，正确的法子是用幽默风趣的话语作答。对他们说的大话不能加以肯定，肯定了他们会以为你是个不可信之人；对他们说的大话又不能加以驳斥，驳斥了他们会以为你是个不可亲之人。

正确的做法是幽默作答，似是而非，模模糊糊，嘻嘻哈哈，一笑而过。

对灭人志气者要攻其痛处

有些人，话语尖锐辛辣，从他们嘴里说出的话好像一盆盆的冷水，不管你是否接受，硬朝你头上泼去。那个劲头，非要把你心头的自信火种浇灭不可。这种人往往是个频频失败、万念俱灰者，又是个把你瞧得一无是处、绝不如他者，还是个认定自己做不到、他人也做不到的自负者，往往也是个能言善辩却“茕茕孑立、形影相吊”、周围人敬而远之者。与他们交谈，一味顺承，会使他们变本加厉。

一个合适的法子，是要抓住机会攻其痛处——他们在历史知识上的愚蠢、无能、可笑之处，或者他们当前说的话语漏洞、用词不当、逻辑错误，使他们心中产生不快，从而使他们推己及人，体会出自己当前的错误举动，管住自己的嘴。

对叫嚣好斗者要句句真理

谈得兴高采烈时，可能会进来一位“杠子头”或者别有用心者，对你横挑鼻子竖挑眼，立刻使好好的交谈气氛充满火药味。此等人多认为自己高人一等、胜你一筹、无所不通、无事不能，他们以真理的化身自居，无论问题是西瓜之大，还是芝麻之小，都会以誓死捍卫真理的气概与你针锋相对，气势咄咄逼人。这种人一旦对你怀有成见，就会处处跟你唱对台戏。遇到这种情况，很容易使你陷入顶撞式的辩论旋涡。

要想冲出旋涡，就必须使出强劲。这个强劲就是要做到使自己的每一句话都成为颠扑不破的真理，并且还是简单的真理，这样对方就无法攻击你了。用不了多长时间，“憋得难受”的对方就会主动“告退”。

对满口假话者要纠正其一

社会上，有些人说起谎来好像一名出色的演员在舞台上演戏那样轻松自然，丝毫不会感到内疚。他们撒谎，大多没有很大、很明确的目的。满口假话者之所以满口假话，可能是为了掩饰自己、标榜自己、美化自己，可能是觉得你的辨别能力很差，从而摇唇鼓舌，胡说乱扯。与这类人交流，对你是有害的。假话说十遍，可能就会使你觉得真的有那么一回事似的。

与他们交流，应该懂得“攻其一点，崩溃全线”的战略战术，抓住假话中的其中一项，有把握地提出反对意见。这样一来，他们就会觉得羞愧，那种神采飞扬的气焰立刻就会落下去。这种攻其一点的做法，既不会伤及其自尊心，又会让其对自己的撒谎毛病有所改正。

对俗不可耐者要适当指教

有些人为了给他人一个好的印象，便让自己的话语里堆满华丽词藻，乱用一些专业术语，显得矫揉造作，华而不实；有些人日常说话粗鲁不雅，废话连连，一味单调，某句话可以重复十遍，某件事可以询问九次；有些人说话无波澜，无起伏，没有摇曳多姿的神态，没有引人入胜的话题，令你厌倦。这些都是俗不可耐的表现，他们多是知识面窄、社交力差者；他们在自己人生经历中往往因此经常受到他人的讥笑，心中有了一种自卑感；他们热切地希望提高自己的知识水平和社交能力。

和俗不可耐者交流，要进行适当指教，说出一两句正确的做法、注意的事项，满足他们的需求；但又不能过多指教，免得伤了他们的自尊心，触及他们的自卑痛处。

当然，令人生厌的谈客不止以上几种，上述交流方法也不能单纯照搬。但有一项可以肯定，就是一个人的言谈即使再令你反感，你也应该努力保持自己良好的交际形象。

良方39：帮助他人就等于帮助自己

俗话说“予人玫瑰，手留余香”，相信大家都明白其中的道理。这句话在人际交往中还有更深层的意义，即主动积极地帮助别人，实际上就是帮助自己。

常言道：“得道多助，失道寡助。”在职场中，良好的人脉关系和工作口碑是我们取得成功的重要因素。人脉是靠自己经营出来的，帮助别人越多，你得到别人“反哺”的机会就越多，成功的概率也就越大。竭尽全力地去帮助别人是我们都应该主动去做的，等到你需要帮助的时候，就会得到同事投桃报李的友好援助。

所谓“助人者，人助之”，办公室中，同事们平时在工作上、生活上互相关心、支持和帮助，无疑是最重要的。当对方遇到困难，或者工作上出现了漏洞，这时候能及时给予相应的支持和帮助是最有价值的。当然并不是说要怀有目的地去帮助他人，只要在能力范围之内，就应义无反顾地去帮助他人，说不定哪天在你需要帮助的时候别人就会反过来施以援手，这也可以说是“无心插柳柳成荫”。

这世界上不管是多么微小的事情，只要坚持下去就能收到不同凡响的效果。如果你决定帮助别人，就不要在中途离开，否则就是缺少诚心了。但你绝对不能让那些被帮助的对象对你产生某种依赖心理，也不要以“救世主”自居，大包大揽，急于指导，甚至强人所难，越俎代庖。

其实，帮助别人可以让你得到快乐，而接受别人的帮助可以让你多一些感恩之心。你不用总是表现得那么强势，当你伸出手和别人友好相握的时候，你会得到意料之外的收获。

一个“只扫自家门前雪，不管他人瓦上霜”的人，一个把帮助别人看做是“自找麻烦”、“自讨苦吃”的人，是不会赢得真正的朋友的。拓展人际关系的一大法宝就是伸出热情的手去帮助和关怀别人，因为我们的帮助不仅能助人一臂之力，而且能给对方带来力量和信心，使他们有更大的勇气去战胜困难。也许这对你来说只是举手之劳，但对别人来说却犹如雪中送炭，那么别人对你定会有“滴水之恩，涌泉相报”的感激。

在这个商品经济时代，越来越多的人表现出自私自利的人性弱点，有人甚至为了自己的利益不惜损害他人的利益。俗话说：“三十年河东，三十年河西。”世事无常，谁都不知道将来会需要谁的帮助，与人方便，与己方便，何乐而不为？

◆ 良方40：团队成功是个人成功的基石

当今社会，任何一个公司都不可能由一个人去完成所有的事情，员工之间必须紧密配合、团结一致才能取得成功。如果你在工作中只看到自己的利益，却置团队利益于不顾的话，是无法在公司立足的。

今天的企业比起以往任何时候都需要团队精神，资源共享、信息共享才能够创造出高质量的产品和产生高质量的服务。在日常工作中，更是无处不体现着这种团队精神。协同合作是团队精神的核心，每一个成员都应既有自己独特的一面，又能够取长补短，这样才能使团队的整体工作业绩超过任何一个人的业绩。

团队精神的最高境界是全体成员的向心力、凝聚力，这是从松散的个人集合走向团队化的最重要的标志。一个重视团队精神的企业，才有可能在激烈的市场竞争中保持胜利的纪录。我们强调团队意识和团队精神，其实质就在于强调一种互相协作的精神。没有完美的个人，只有完美的团队，团队的成功也是每一位成员的成功。

战国时代，齐国公子孟尝君养食客三千，各色人才聚集一堂，一有任务便各显其能，有效合作，甚至对“鸡鸣狗盗”之徒也善加利用。在一次出使秦国时，秦王欲加害于孟尝君，他的一位手下善偷，就盗来了通行秦国的重要牌证。到达秦国边关时，天还未亮，关门未开，后面追兵渐近，形势危急。有手下善口技，就学鸡鸣三声，守关士兵以为天就要亮，便打开关门，孟尝君得以顺利出关，逃过一劫。很显然，孟尝君个人的显赫离不开他拥有的这个优秀的团队。

从哲学的角度来看，任何事物都是一个相互联系、相互影响的整体。当各种元素优化组合的时候，就能使1+1＞2，这就是整体功能大于部分之和的原理；反之，当各种元素组合不合理的时候，就会出现1+1＜2的负面效应，即整体功能小于部分之和。

唐僧、孙悟空、猪八戒和沙僧去西天取经的故事是大家都耳熟能详的，许多人会被这个群体中四位性格各异、兴趣不同的人物所感染。人们不禁会诧异：这么四个在各方面差异如此之大的人竟然能容在一个群体中，而且能相处得很融洽，甚至能做出去西天取经这样的大事情来。难道这是神灵、菩萨的旨意，而绝非凡人力所能及的吗？

当然不是，之所以能够完成取经大业，是因为他们在团队中分别扮演了不同的角色。唐僧起着凝聚和完善的作用，孙悟空起着创新和推进的作用，猪八戒起着信息和监督的作用，沙和尚起着协调和实干的作用。

创新者：他们具有鲜明的个性，思维比较深刻，对许多问题的看法与众不同，对一些问题有自己独到的见解，考虑问题不拘一格，思维比较活跃。

凝聚者：他们比较擅长日常生活中的人际交往，能与人保持和善友好的关系，为人处世比较温和，对人、对事都表现得比较敏感。

完善者：他们做事情很勤奋努力，并且很有秩序；为人处世都很认真，对待事物力求完美。

推进者：他们常常表现得思维敏捷，对事物具有举一反三的能力。看问题思路比较开阔，对一件事情能从多方面考虑解决问题的方法。这种人往往性格比较开朗，容易与人接触，能很快适应新的环境，能利用各种资源，善于克服困难和改进工作流程。

信息者：他们性格比较外向，对人、对事总是充满热情，表现出很强的好奇心，与外界联系比较广泛，各方面的消息都很灵通。

监督者：他们头脑比较清醒，处理问题比较理智，对人、对事表现得言行谨慎，公平客观。他们喜欢比较团队成员的行为，喜欢观察团队的各种活动过程。

协调者：对事物具有判断是非曲直的能力，对自己把握事态发展的能力有充分的自信，处理问题时能控制自己的情绪和态度，具有较强的抑制力。

实干者：他们对社会上出现的新生事物从来不感兴趣，甚至对新生事物存在着一种本能的抗拒心理。他们对喜欢接受新生事物的人很是看不惯，常常是水火不相容。他们对自己的生活环境很是满足，并不主动去寻求什么改变，给人一种逆来顺受的感觉。当上司交给他们工作任务时，他们会按上司的意图兢兢业业踏踏实实地把事情做好。他们给别人特别是领导留下一种务实可靠的印象。

判断一下，你在团队中扮演的角色是哪一种?

◆ 良方41：妥善处理各方面的关系

在办公室中，同事之间存在着合作与竞争的矛盾，在对立和统一中彼此之间的关系变得十分微妙而复杂。同事之间在利益上竞争，在工作中合作，既不能相互冒犯、相互干预，也不能相互漠视、相互拆台，或者只顾自己、不顾他人。同事之间各有各的工作，既相互独立，又相互依赖，没有人能独自成功；但在利益竞争上又表现得非常激烈，互相猜忌、嫉妒、排挤，甚至诡伤的现象也变得司空见惯了。这时，妥善处理职场中的各种关系就显得尤为重要了。

我们不仅要与室内的同事搞好关系，还要将视线移出办公室，多跟不同部门、不同阶层的同事建立亲密而友善的关系。从总机的接线员到总经理的秘书，从总务到财务，都可以有你的朋友。这些“自己人”不仅会让你的工作变

得更愉快，做事更轻松，同时还能在你需要的时候伸出援助之手，助你一臂之力。

办公室里，能否处理好与同事的关系，会直接影响你的工作。有些人在与同事的交往中不用花言巧语，却能赢得大多数人的喜爱。这些人有很强的号召力，却总是态度谦逊、做事从容、应对得体，从不感情用事。这是因为他们遵循了保持良好同事关系的原则，掌握了与人良好沟通的技巧。

在我们的工作环境中，建立良好的人际关系，得到大家的尊重，无疑会对自己的生存和发展有极大的帮助，而且有一个愉快的工作氛围，可以使我们忘记工作的单调和疲倦，也会使我们对生活有一个美好的心态。遗憾的是，我们常常听到不少人对怎样处理好办公室里的人际关系感到棘手，抱怨甚多。其实，只要我们为人正直，用心并努力，做个受人喜爱的同事并不是很难的事。我们不妨从以下几个方面入手：

乐于从老同事那里吸取经验；

对新同事提供善意的帮助；

适当让利，放眼将来；

让乐观和幽默使自己变得受欢迎。

只要你以真诚的态度注意从以上几个方面去努力实践，同时在工作时保持做人的正义感，那么做个让人喜欢的好同事、得到一个好人缘并不难，工作便也成了一件让人快乐的事。

同事间的人际关系中，最重要的是取得他人信赖。让别人信赖你，一方面可以避免别人对你的言行产生误解，另一方面有利于你的工作。那么，什么样的态度最容易博取别人的信赖呢？

倾听对方谈话

把自己训练成为一名好听众并不容易，尤其是当对方滔滔不绝地向你诉苦或谈论个人问题时。但无论如何，请拿出你的耐心，认真聆听同事说话。

言行一致

即使处理细微的琐碎事也不能掉以轻心，如有任何言行不一的情形出现，都会破坏人们对你的信赖。

◆ 良方42：大丈夫要勇于担当

社会在发展中不断分工和整合，在竞争下不断分离和选择，时代的风向标上也总需要有一些掌舵人临危受命，历史也正是在这样的环境下轮回着。

一个敢于担当之人，必定有着强烈的责任感。担当铸就伟大人格，人生的路途充满坎坷，每一步都充满挑战，我们要有勇气去直面，无论最后的结果如何，责任是必须要担当的。伟大的人物因为敢于担当，历史也选择了他们作为代言人，最终推动了历史的进步。

担当是一种骨气，可以傲然面对一切。担当是一种优秀的作风，是进步的先锋。勇于担当，就要选择这样的生存法则，直面未知的世界。

责任是我们对待工作的一种态度，也是我们个人综合素质的体现。敢于担当、勇于负责的人，才能把事情办好，使事业进步。而那些不敢负责、不愿负责的人，才是社会发展的大敌。当一个严重的错误发生后，有的人习惯性地把责任推到他人身上，而不是反躬自省、诚心认错。其实，逃避责任只能使事情变得越来越糟糕，后果越来越严重。

敢于担当是一个人立身处世的基本条件。一个人的责任心如何，决定着他在工作中的态度，决定着工作的好坏与成败。身为男子汉，一定要有强烈的事业心和责任心，一定要敢于负责、乐于负责、善于负责。

敢于负责，就是要敢做敢当。对自己负责的工作敢抓敢管、严抓严管，不推诿、不退缩。绝不能遇到难事层层往下推，有了好事层层往上收，碰到矛盾绕着走；对歪风邪气不敢顶，绝不能对老大难问题不敢抓，对困难任务不敢接，对坚持原则的好人好事不敢坚持；正确的主张，绝不能因为有人反对而不敢坚持；错误的东西，也绝不能因为有人支持而不敢反对，人云亦云，随声附和。否则，长此以往，必然贻误事业，影响工作。

乐于负责，就是要热爱本职工作，只为工作尽职找方法，不为工作失职找借口。

善于负责，就是要有负得起责任的措施和办法，对工作既要举重若轻，也要小中见大；既要抓住关键，又要多方兼顾；既要达标夺冠，又要夯实基础；既要追求进度效率，又要保证质量效益。

人的一生中要扮演各种角色，也要承担相应不同的责任。作为社会的一员，我们应承担各自的责任和义务。只有把责任放在第一位，才能服务社会，有所作为。只有立足本职、爱岗敬业、勇于担当，工作成效才会越来越明显，我们的事业才会越来越美好。

作为一个男人，要用那铮铮铁骨扛起他应承担的五类责任，即：社会责任、赡养父母的责任、丈夫的责任、父亲的责任和工作角色的责任。若一个男人在这五个方面真正尽到了自己应尽的责任，方可谓一个顶天立地的大丈夫。

社会责任

男人首先要承担的责任是社会责任。社会责任，原指一个组织对社会应负的责任，包括环境保护、社会道德以及公共利益等方面。男人要做的事情，应符合国家的利益，维护国家的利益；符合民族的利益，维护民族的利益；符合人类的利益，维护人类的利益。男人要尽到社会责任其实很简单，做好自己的事情、做好自己的工作即可。

赡养父母的责任

男人要尽到赡养父母的责任，这里所说的父母是指夫妻双方的父母。夫妻双方是一个整体，是双方的父母给予了这个整体以生命，并为之付出了巨大的心血。男人作为这个整体中的支柱，必须尽到赡养父母的责任。这种责任，不仅仅是指物质上的保障，更重要的是精神上的慰藉。

丈夫的责任

男人要承担起作为一个丈夫的责任，要用真诚的心和忠贞的爱为那个将生命与幸福交付给自己的女人撑起一片幸福的天。

父亲的责任

男人要承担起一个父亲的责任，包括对子女的教育、引导与关爱。这份责任是厚重的，也是幸福的。

工作角色责任

工作中的责任，就是工作中应做的分内之事。只有做好分内的工作，才会赢得他人的认可与信任。

良方43：真诚赢得朋友

如果你仔细地去看成功者，会发现他们有一个共同之处，那就是他们的人际关系都很广泛。拥有了广泛的人际关系，才能建立起一个庞大的信息网，这样就比别人多了一些成功的机遇和桥梁。要有成功的人际关系，不仅要用基本常识去感受，更要有极大的行动去执行。

要想成功，就必须有一个好的人际圈子，要知道仅凭一个人的能力是很难完成自己的事业的。只有别人愿意帮你，不断地给你提供各种资源，你才能有更多的成功机会。但是，人际关系的圈子是需要自己来培养的，只有用真诚才能巩固你的人际关系。

每个人都不能没有朋友，人本身就是一种群居性动物，人不能离开社会性活动，形影相吊地生活在这个世界上。朋友是我们生命中的财富，如果一个人没有朋友，那么他将会失去很多人生中的乐趣。朋友是我们精神上的鼓舞、心灵上的安慰，是我们生活中的助手与参谋。但是，朋友并不会无缘无故地为你提供帮助，只有当你成为一个他们所欣赏和赞美的人时，他们才能热情、无私地对你进行帮助，使你摆脱困境。

有的人号称朋友无数，可是一到大难临头，朋友便各自飞散了。究其原因，是因为他没有用真诚的态度去打动人，而是过于注重形式主义，给了别人一种不信任的感觉。而那些能够抓住朋友之心的人，都是能够以人格的力量和诚挚的态度对待朋友的人。

人生之路曲折而坎坷，漫长而遥远，需要相知相伴的朋友一路陪伴。如果没有朋友，人生将会孤独寂寞，凄凉无助。可是世间既有真朋友，也有假朋友，交友不可不慎。有人说，不说假话，办不成大事。然而作假虽能蒙过一时，却瞒不过一世。假的东西以真的面目出现，终究是会露馅儿的，正如纸永远包不住火。假的真不了，真的实无价。

与人相交，与朋友相处，虚情假意，说假话、做假事，尽管能骗得对方一时的信任和好感，但日久见人心，假把戏终归会被识破。

真正的朋友，相知至死；真正的知音，心心相印。友情来不得半点虚情假意，正如眼睛容不得一粒沙子。

靠金钱和权势交友，难以长久。借假面具欺蒙，用酒肉来维系，靠金钱来连接，那么，心与心之间将永远隔绝和陌生，人们之间将永远貌合神离。这样的朋友，可以同享受，却无法共患难。一旦谁倒了霉，遭了难，只落得空叹息。

获得真正的朋友需要以真诚的付出为代价，而真诚的付出来源于一种伟大的人格力量，包括高尚的道德、坚定的意志和非凡的智慧。

真诚地对待朋友，要讲实话、讲真话，不能阳奉阴违、耍小聪明、弄虚作假，这是对道德情操的一种考验。

真诚地对待朋友，应讲信用、守诺言，言必信、行必果，这是对人的意志的测试。

真诚地对待朋友，应主动关心和帮助朋友，对朋友负责。在朋友危难的时刻及时施以援手；朋友有错误、有缺点时，应敢于直言，坦诚相告，并耐心帮助其克服缺点、修正错误，这需要具备更多的智慧。

人生在世，不能没有朋友。结交朋友，是人生的一项极其重要的工程；赢得朋友，是人生的一种不可或缺的智慧。

良方44：双赢是最完美的结局

哲人早就说过，与别人分担痛苦，痛苦便会越分越少；与别人分享快乐，快乐则会越分越多。其实这就是双方皆赢的规律。然而，当人们为生活所累，为工作所累，愁闷烦躁、内心不平衡的时候，往往会走向自我封闭的孤独境地，与别人分担痛苦似乎已经很难，这也是无可奈何、可以理解的事情，但为什么不能与他人分享快乐呢？

与同事相处不易，若想做到双方皆赢更不容易。除了敌对性的冲突外，我们若想与同事建立和发展良好的人际关系，只能坚定不移地选择双赢。因为只有这样的选择才合乎人性、合乎规律、合乎自我实现的需要，也合乎市场经济

所决定的现代社会法则。

社会确实存在着优胜劣汰、冷酷无情的一面，但生活的本质、人际关系的本质是以相互依存为根本的。损人利己者虽然一时得逞，但也只能是一时，从长远来看，终归是要失败的。

在现代社会中，比较典型的主导意识与策略大体有两种，一种是“鹬蚌相争”，一种是“吴越同舟”。

“鹬蚌相争”的特征是竞争的双方你争我斗、互不相让，非要分出个高低胜负不可，最终造成两败俱伤、“渔翁得利”的结果。这种情况在同事间并不少见，不论是一方赢一方输还是双方皆输，对于处理相互关系、树立各自的信誉和形象都是很不利的。

“吴越同舟”是一种竞争双方既是对手又是朋友的最佳选择，也是一种最明智的竞争策略。这样做，一方面可以与同级友好相处、公平竞争，避免伤害对方而招致对方的暗算；另一方面，这种真诚友善、团结合作的态度还可以优化个人的形象和声誉，赢得更多的认可。

尊重差异，换位思考

正是由于差异的存在，才有了丰富多彩的大千世界。我们要学会尊重个体的差异，并找寻其共同点。

尊重自己，体贴对方

多听来自不同方面、不同层次的意见和声音，人们相处起来才没有负担。“己所不欲，勿施于人”是一种精神上的双赢，它抹去了勉强别人所带来的压力，也减少了被别人勉强所带来的痛苦。

互相帮助，互补共赢

我们并非完美无缺，只有让我们的合作者生活得更好，我们也才能生活得更好。

微笑竞争，携手同行

时代让竞争成为了一个沉重的话题，市场上此起彼伏的广告战、价格战、渠道战乃至口水战经久不息，职场中尔虞我诈、明争暗斗、恶语中伤乃至拳脚相向的打拼仍在继续。难道我们不可以用双赢的智慧削去竞争的锋芒，微笑竞争、携手同行吗？

学会宽容，理解体谅

宽容和忍让是人生的一种豁达，是一个人涵养的重要表现。没有必要和别人斤斤计较，没有必要和别人争强斗逞，给别人让一条路，就是给自己留一条路。

我们必须把自己的聪明才智用在有价值的事情上面。集中自己的智力去进行有益的思考，集中自己的体力去进行有益的工作。不要总是企图论证自己的优秀、别人的拙劣，自己正确、别人错误。不要事事、时时、处处总是唯我独尊；不要事事、时时、处处总是固执己见。在非原则的问题和无关大局的事情上，善于沟通和理解、善于体谅和包涵、善于妥协和让步，既有助于保持心境的安宁与平静，也有利于人际关系的和谐和团队环境的稳定。

宽容有几大好处：宽容的人爱记住别人的好处，总是心存感激，所以很多人乐意帮助他；宽容的人能与人同乐，给人快乐；宽容的人善于发现别人的优点，肯定别人的长处，所以他的朋友很多；宽容的人善解人意，能够体谅别人，尊重别人，所以愿意与他合作的人很多；宽容的人对别人宽容时，必定对自己宽容，因而计较得少，知足常乐。

善于妥协，和平共处

现代生活中，妥协已成为人们交往中不可缺少的润滑剂，发挥着越来越重要的作用。然而在一些人的眼中，妥协似乎是软弱和不坚定的表现，似乎只有毫不妥协方能显示出英雄本色。但是，这种非此即彼的思维方式实际上认定了人与人之间的关系是征服与被征服的关系，没有任何妥协的余地。妥协不是一味地忍让和无原则地妥协，而是意味着对对方利益的尊重，意味着将对方的利益看得和自身利益同样重要。

学会妥协，收获友谊；维护尊严，获得尊重。当你同别人发生矛盾并相持不下时，你就应该学会妥协。这并不表示你失去了应有的尊严，相反，你在化解矛盾的同时也在别人心中埋下了宽容与大度的种子，别人不仅会欣然接受，而且还会对你产生敬佩之情。

第五章

当人们丰衣足食之后，对健康的渴求显得越来越强烈，追求健康成为了新时代的新风尚。补正气、疗虚损，才能拥有一个强健的体魄；有了健康，才能拥有一切。

补虚正气粥：
健康的身体是
革命的本钱

◆ 良方45：有健康才有未来

在现代快节奏的生活压力下，男人真是越来越“命苦”。他们在众人面前要永远保持聪明机智、得体从容、朝气蓬勃，可是谁见过他们转过身的背影？——写满了无奈与疲惫。你可以得意地向人们展示你那令人骄傲的成绩，但你是否能得意地告诉人们自己的身体还像20岁时那般生龙活虎？

人一辈子最重要的是什么？是拥有健康，因为拥有健康才会拥有一切。健康对我们的人生来说是第一位的，如果没有健康，就意味着失去了一切。健康，赋予生命无穷活力，创造生活无限精彩；未来，给了我们无穷梦想，创造现实无数神话。

有这样一种说法：年轻的时候用命换钱，等老了的时候再用钱换命。有的男人醉心于工作，不注意休息，更别提健康投资了。一旦生病，其苦心经营的企业也会受到很大影响，失去了不少赚钱的商机。没有好的身体，也就失去了日后取得更多财产的机会，所以注意健康十分重要。学习、工作、娱乐都需要健康的身体，健康的身体是我们做任何事情的基础，是我们取得成功的重要因素，是追求事业成功、爱情美满、家庭幸福的最有力保障。

现在的男人生活在一个节奏越来越快的时代，每天埋头工作，为生计奔波。曾几何时，我们发现，自己的精神越来越差，上班老打瞌睡；体力越来越差，稍微运动一下就气喘吁吁；免疫力越来越差，动不动就感冒发烧；身材越来越差，脂肪在身上不断堆积；皮肤越来越差，看起来暗淡无光；身体越来越差，各种毛病纷至沓来。于是便有人苦寻良方，美容、减肥、吃药……但结果往往是费尽周折却徒劳无功。

身体健康是一个人成就事业的基础，不一定要有多么发达的肌肉，也不一定要有高大魁梧的身材，但一定要有旺盛的生命力和昂扬的精神力量。一个人的身体健康并不仅仅指身体上不生病，它同时还意味着昂扬的精神、充沛的活力和勃勃的生机，能不断地带给自己生机和美丽。一种健康向上的精神风貌也能使身体强健，坚强的意志力通常会战胜身体上的虚弱。

人们在年轻力壮的时候一般都不会去在意身体健康的重要性，也意识不到身体健康和自己的事业有什么紧密的关系，往往是在失去健康、病痛缠身之后才会幡然醒悟，追悔莫及。一般情况下，一个人旺盛的精力往往源于健康的身体，一个身体病弱的人其意志力也有可能会随之变弱，或者说，根本就是力不从心。

每个人都需要通过艰苦的奋斗来改善自己的生活，实现自我价值并展示自己与众不同的才华。当男人取得成功时，基本上已经游走在不惑的年龄了，身体在这个特殊的台阶上犹如站在瀑布之上，一不小心就有可能跌落深潭，粉身碎骨。因此，年轻时只顾打拼事业而不顾身体的人，这个时候可就要吃苦头了，更可悲的是有所成就的中年男人猝死的事件层出不穷，更让正处在事业巅峰而身体状况却江河日下的人捏了一把冷汗。

事实上，健康不是人生的目的，而是最基本的条件。离开了健康，就不能很好地工作，至少不能像拥有健康时那样精神焕发地做好工作。忽略健康，无异于在同生命开玩笑。

是的，要想过幸福美满的生活，物质是基础中的基础，更何况现代社会人才越来越多，竞争压力越来越大。男人们常常觉得只要勤奋刻苦就能赚到钱，就能养家糊口，就能让老婆孩子过上衣食无忧的好日子。但是仔细想想，辛苦了几十年，到后来钱赚到手了，自己却被病魔缠住，挣脱不掉，又有什么幸福可言呢？这无论对你还是对家人来说，都将会是一场梦魇。

想想看，一个人失去了健康，就算他拥有万贯家财，又有什么意义？就像小沈阳说的那样，“人生最痛苦的事情是人死了，钱没花了”。如果没有健康，智慧就无从展现，文化就无从施展，力量就不能战斗，财富就变成废物，知识就无法运用。由此可见，拥有一个健康的身体对人的一生来说是何等的重要。

良方46：别拿青春赌明天

在目前一些生活和工作方式的影响下，有些疾病已经悄悄地缠上了年轻人群，如果忽视身体保健，再加上不及时体检，就会酿成大祸。

青春年少、工作优越，本应是大展宏图之时，但由于在工作、生活等方面的不良习惯，从而导致健康受损，饱受疾病困苦，不能不说是一种悲哀。

随着社会文明程度的提高，人们的生活更加精彩，但随之而来的是竞争越来越激烈，对工作付出的努力越来越大。即使工作再忙、压力再大，人们也总该为自己的健康做些什么，不能任由自己未老先衰而无法充分享受所创造的财富。找一份工作实在是不易，可要是为之付出巨大的健康代价又实在不值。年轻人，不要拿你的健康来赌明天！为了自己的健康，请注意以下几点：

坚决戒烟限酒

众所周知，吸烟绝对于健康有害，尤其是对工作节奏快、精神压力高、缺少睡眠的年轻白领人士危害更大。烈性白酒对心脑血管、肝脏、神经系统、胃肠道更是贻害无穷。

尽一切可能运动

现代年轻白领多数时间是花在会议室、办公室、机场等不太利于运动的场所，很难有完整的时间健身，其实不一定非要花时间专门去健身房，具有运动意识才最重要。例如：尽量走楼梯不坐电梯，能站着就不坐着，利用工作中的零碎时间做些伸展运动，在周末只要不加班那么压倒一切的就应该是运动。

要格外青睐蔬菜、水果

人少吃些肉不会有问题，但是蔬菜、水果吃少了却不行。要尽可能多摄入新鲜的蔬菜、水果，调整好自己的饮食结构，这对保持身材也有好处。

心平气和

由于面临的工作、生活压力很大，情绪压抑、心态焦虑等问题常会袭扰人们的心理健康。其实，放下一件事有时会比拿起一件事更难，关键在于自己对心态的把握。

保证足量睡眠

人类对睡眠的依赖比对食物、营养、药品的依赖更大。优异的业绩往往并不是通过牺牲睡眠来获得的，用减少睡眠的方法增加工作时间无异于竭泽而渔，对身体很不利。

合理安排时间

对年轻白领来讲，越忙越要合理安排时间，从看似一团乱麻、高负荷的工作中为自己找出运动的时间，找出睡觉的时间，找出吃水果、喝绿茶的时间。赢得工作、取得业绩的人，不应是疲劳轰炸、焦头烂额的，而往往是从容不迫、胸有成竹的。

远离垃圾食品

炸薯条(片)、咖啡伴侣、腌制肉类、膨化食品等对人体的好处与害处相比，实在可以忽略，建议酌情抛弃之。

有一些年轻人，当身体有毛病了就后悔对工作投入太多，忽视了健康、忽视了锻炼、忽视了家庭，因此许诺一旦身体恢复就要调节生活、工作模式。但许多人在身体恢复后，就又把健康抛到了脑后，总是推说工作忙、时间紧，总是让健康给时间让位。其实，时间就像海绵里的水，只要挤，总是会有的。要处理好两者之间的关系，做到工作、健康两手抓。

良方47：合理饮食为健康打基础

无论你是初生牛犊的20岁，还是自我感觉良好的30岁，或者是需要可持续发展的40岁，都应该学会滋补，男人天生比女人对能量的需求要高。男人需要摄入大量的高营养食物，如蛋白质、脂肪和糖分，同时要注意保持这些营养成分的比例：糖分55%，蛋白质15%，脂肪30%。

20岁能量补充进行时

身体特征：处于身体发育的黄金阶段，骨骼已完全形成并且越来越强壮。这个时期男人各项素质俱佳，尤其好动，同时较重的脑力劳动使得体内的能源物质消耗较大。

营养供给建议：营养供给以强健体魄的功用为主，既要保质又要保量。要进食充足的主食、丰富的副食，补充多种矿物质和维生素。

营养进补提案：

铬是维持生命所必需的矿物质，可以降低胆固醇含量，增加男人的耐力，还可以使爱好健美运动的男人增长肌肉、减少脂肪。普通男人每天至少需要50毫克铬，好运动的男人则需要100～200毫克。服用含铬的多维矿物质合剂、强化铬药片或酿酒的酵母可以有效进行补给。

维生素A具有强身健骨、提高机体免疫力和抗癌作用，对保护视力也大有益处。一个男人每天维生素A的正常摄入量为1000毫克，而半碗蒸胡萝卜的维生素A含量就可达4000毫克。富含维生素A的食物还有肝、奶制品、鱼、西红柿、杏和甜瓜等。

30岁整治亚健康

身体特征：身体状况基本定型，是否经过健康的巅峰时期因人而异。30岁男人正处在吃什么都香的时候，今天重庆火锅，明天水煮鱼，后天香辣蟹，经常晚上喝扎啤到午夜。总之无论辣的、酸的、麻的，也不管适合不适合自己，反正统统装进胃里，正所谓“年轻时人找病，老年时病找人”。

营养供给建议：应该通过良好的饮食习惯和健康的生活习惯来保证身体健康。根据我国居民膳食结构标准，建议30岁男人在饮食中尽力做到食物多样化，粗细搭配，三餐合理，饥饱适当，油脂适量，食盐适量，甜食少量，饮酒节制。

营养进补提案：

维生素B_6是人体不可缺少的营养成分，它对增强免疫力有良好的作用，还可以防止皮肤癌和膀胱癌。维生素B_6保护肾脏不患结石症，而且对失眠症有治疗作用。一个男人每日只需2毫克维生素B_6，约等于2只香蕉的含量。经常运动的男人消耗的维生素B_6较多，应多补充几毫克，但每日摄入量最多不能超过50毫克。除香蕉之外，富含维生素B_6的食物还有鸡肉、鱼、动物肝脏、马铃薯等。

维生素E是预防疾病、提高免疫力最有力的武器。可以降低胆固醇，防止血小板在动脉内集结，清除体内杂质，防止白内障。一个男人每日10毫克即可。富含维生素E的食物有杏仁、花生和山核桃。为了获得足够的维生素E，可以同时服用维生素E片。

40岁扑灭积蓄的“火山”

身体特征：40岁左右的男人正处在人生事业的巅峰，但同样值得关注的是，这个阶段也是疾病的形成期，因为生理机能从峰顶开始下滑，部分器官开始衰退，许多疾病都在这时爆发或显现。所以与其说“男人四十一枝花”，还不如说“男人四十一道坎儿”。长年的积劳如蓄热的火山随时可能爆发。慢性疲劳综合征正在尾随着40岁的男人，腰酸背痛、昏昏欲睡、记忆力减退、夜尿增多、食欲不振、性欲不振等诸多症状的连锁反应使他们焦虑不安，发展下去，胃病、冠心病、糖尿病、高血压、前列腺肥大等疾病还可能与自己扯上关系。

营养供给建议：防治各种慢性疾病成为这个阶段营养进补的重中之重。膳食多样化，以谷类为主；多吃蔬菜、水果和薯类；常吃奶类、豆类及乳制品；常吃适量的鱼、禽、蛋、瘦肉，少吃肥肉和荤油；要清淡少盐；同时饮酒限量。

营养进补提案：

富含高纤维素的饮食能够加速肠道毒素和致癌物质的清除，减少结肠癌的发病率。膳食纤维能够控制糖尿病人的糖指数，降脂降压；能够增加肠蠕动，刺激有益菌生长，治疗便秘，利于改善胃肠功能；还能够疏通胆汁排泄，稳定胆汁成分比例。膳食纤维分为不溶性膳食纤维和可溶性膳食纤维两类。不溶性膳食纤维主要存在于蔬菜中，主要功能是让人有饱腹感，延缓胃排空时间；可溶性膳食纤维主要存在于燕麦、荞麦、水果等食物中，它吸水性强，可延缓和减少糖、脂肪吸收速度及吸收量，还可降低餐后血糖。纤维素每日理想的摄入量是18～35克，折合蔬菜约500克。含纤维素较多的食物有全麦面包、黑米、草莓、梨以及各种茎部可食用的蔬菜，如菜花和胡萝卜。

镁摄入量正常可以减少心脏病的发生率，降低血压。镁还可以增强生殖能力，因其能够提高精液中精子的活力。一顿包括两碗麦片粥加脱脂牛奶和一只香蕉的早餐中就可以获得每日镁需要量的2/3。除此之外，烤白薯、豆类、坚果、燕麦饼、花生酱、绿叶蔬菜和海产品中都含有丰富的镁。

良方48：保持良好的睡眠习惯

睡眠是健康的巨大源泉。男人怎样才能睡得好呢？首先，要养成定时入睡和起床的良好习惯，遵循睡眠与觉醒相交替的客观规律，这样，就能稳定睡眠，避免引起大脑皮层细胞的过度疲劳。

严格的作息制度对于睡眠和觉醒这类生理过程来说意义也是很大的。严格遵守作息时间能使我们的睡眠和觉醒过程甚至有可能像条件反射那样来得更自然，进行得更为深刻。

另外，睡前不要进行紧张的脑力劳动，避免剧烈的运动或体力劳动，取而代之的应该是在户外散步，尽量减少主观上的刺激。性格易于兴奋的男人，睡前不宜进行激动人心的讲话，不宜看动人心弦的书刊，不宜观看使人久久不能忘怀的电影或戏剧。

晚饭不要过晚，也不应吃得过饱。应该吃些容易消化的清淡食物，注意多食蔬菜和一定比例的杂粮，保持大便通畅。调料不宜用得过重。晚上不宜吸烟，不宜饮用浓茶或咖啡等刺激性饮料，也不要喝过多的饮料或流汁。烟、茶和咖啡等会刺激大脑，使大脑不易进入抑制状态；而饮服过多流汁会导致小便次数增加，不利于再次入睡。

众所周知，睡前刷牙、洗脸是必要的，但还要养成用温水洗脚的习惯，这能促进下肢血液循环，有利于快速入眠。有条件时，可以用温水擦身或热水洗浴。睡前要脱去外衣，内衣要适时换洗，可以穿用宽松的睡衣。被褥要保持干净，要经常晾晒，以保持干燥和杀灭细菌。

一个男人的一生中，有大约1/3的时间是在睡眠中度过的。正常良好的睡眠，可调节生理机能，维持神经系统的平衡，是生命中重要的一环。睡眠不良、不足，翌日会使男人头昏脑胀、全身无力。由此可见，睡眠与健康、工作和学习的关系甚为密切。要想晚间获得良好的睡眠，总结起来，睡前要注意三宜三忌。

三宜

一宜睡前散步。

二宜睡前足浴，“睡前烫脚，胜服安眠药”。睡前用温水洗脚15～20分钟，使脚部血管扩张，促进血液循环，使人易入梦乡。

三宜睡前洗漱。

三忌

一忌饱食。晚餐七八成饱即可。睡前不要吃东西，以免加重胃肠负担。

二忌娱乐过度。睡前不宜看场面激烈的影视剧和球赛，勿谈怀旧伤感或令人恐惧的事情。

三忌饮浓茶与咖啡，以免因尿频与精神兴奋影响睡眠。此外，要注意夜间环境舒适、卧室整洁、空气流通，以有益于健康。

睡眠时间的长短、睡眠质量的好坏，决定着人们的精神状态、工作和学习效率。要想保持充足的睡眠，还可以试试以下的睡眠保健方法：

按摩涌泉穴

当你躺在被窝里难以入睡时，可以自己按摩涌泉穴：将一只脚的脚心放在另一只脚的大拇趾上，做来回摩擦的动作，直到脚心发热，再换另一只脚。这样交替进行，你的大脑注意力就集中在脚部，时间久了，人也累了，有了困意，自然就能入睡。如长期坚持，还能起到保健作用。

梳头松弛神经

睡前梳头有利于血脉通畅，可增强脑细胞营养供应，延缓大脑衰老，并可改善睡眠，提高睡眠质量。在一天的紧张工作之后，梳一梳头部，可使神经松弛，消除疲劳，使大脑得到很好的休息。梳头的梳子应尽量采用牛角梳、玉梳、木梳，梳齿不要过尖和过密；梳理用力要适度，不宜太轻也不可过重；梳理速度不能过快也不可过慢。每次梳理时都要做到快慢适中、用力适度、梳到意到。要全头梳，最好每天早、中、晚各一次，每次10分钟。

适度有氧运动

适当的运动是指运动后感到愉快而不疲劳的运动。可在睡前6小时进行30分钟的有氧运动，要注意不要在临睡前运动。最好快步走30分钟，然后慢步回家，再用热水泡脚，能够帮助睡眠。体质较差的人，适合太极、气功、散步等缓和的运动。体质较好的人则可以进行慢跑、自行车慢速骑行等低运动量的有氧运动，给身体增加活力。

此外，食物与睡眠有一定的关系，若在睡前吃一点催眠食物，更容易入睡。

牛奶：睡前喝一杯牛奶，其中的色氨酸量足以起到安眠作用。饮用牛奶的温饱感也增加了催眠效果。

核桃：每日早晚各吃些核桃仁，有利睡眠。

桂圆：桂圆肉补益心脾、养血安神，可医失眠健忘、神经衰弱等。

莲子：心烦梦多而失眠者，可用莲子心加盐少许，水煎，每晚睡前服。

食醋：劳累难眠时，可取食醋1汤匙，放入温开水内慢服。饮用时静心闭目，片刻即可安然入睡。

良方49：心理健康是成功的保障

健康不仅仅包括身体的健康，也包括心理的健康。

心理健康其实是一种持续的心理状态，在这种状态下，当事人能够有良好的适应能力，具有生命的活力，并能发挥本身的能力和潜力。心理健康是不好去通过仪器来检测的，因此有一个评测心理健康的标准就能更好地把握住一个健康的心理状态。对于男性来说，他们承受着更多的压力和责任，这个标准就显得更加有必要了。

专家分析，心理健康标准的核心是：凡对一切有益于心理健康的事件或活动作出积极反应的人，其心理便是健康的。心理学界认为，完全符合心理健康标准的人是不存在的，但心理健康却永远是人们努力的方向。作为支撑家庭与社会主体的男性，如果能在日常生活中经常通过这个标准来衡量自己的言行，那其心理就是健康的。

了解自己

有一个人永远跟我们生活在一起，这个人就是我们自己——自我。古人云："知人者智，知己者明。"我们只有了解自己、接受自己，才有可能是幸福的、健康的。了解自己的长处，我们会清楚自己的发展方向；了解自己的缺陷，我们才会少犯错误，避免去做一些自己力所不能及的事情。

面对现实

我们可能没有出生在一个富贵的家庭，我们的工作可能也不尽如人意，我们的爱人可能也不精明能干、体贴入微，我们的孩子可能也不都聪明伶俐、顺从听话，我们也可能正在遭遇着挫折和磨难……但是，我们只有先正视这一切，接受这一切，在此基础上，才有改变的可能性。只有认清现实，接受现实，脚踏实地，才能有更大的收获。

善与人处

人生活在社会中，就像鱼生活在水中一样，离开了他人，将无法生存。有心理学家统计，人生80%左右的烦恼都与自己的人际环境有关。对别人吹毛求疵，动辄向他人发火，侵犯他人的利益，不注意人际交往的分寸，都将给自己带来无尽的烦恼。

承担责任

除了襁褓中的婴儿之外，每个人都有自己的责任和工作。儿童要尊敬父母，做自己力所能及的事；成年人要承担家庭和社会的重担，在工作中获得谋生的手段并得到承认和乐趣。所以，失业给成人的打击不仅是经济上的，而且是心理上的，它会使人丧失价值感，带来心理危机。能够勇敢地承担责任、从工作中得到乐趣的人，才是真正成熟、健康的人。

控制情绪

情绪在心理健康中起着重要的作用。心理健康者能经常保持愉快、开朗、自信和满意的心情，善于从生活中寻求乐趣，对生活充满希望。反之，经常性的抑郁、愤怒、焦躁、嫉妒等则是心理不健康的标志。当一个人心理十分健康时，他的情绪表达恰如其分，仪态大方，既不拘谨也不放肆。

塑造人格

人格是人所有稳定的心理特征的总和。心理健康的最终目标就是保持人格的完整性，培养出健全的人格。态度决定行为，行为决定习惯，习惯决定人格，人格决定命运。我们的性格和命运正是由我们自己每时每刻的行动雕塑而成的。

有家有业

家庭和事业是成年男性责任与压力的源头。家庭的和睦与事业的成功绝非水火不容，它们的关系是相互促进的，无力“齐家”，恐怕也无力“平天下”。在处理二者之间的关系时，更应具备一个健康的心态。

取之有道

“君子爱财，取之有道”，一方面可说是光明正大地增加收入，另一方面也可说是以健康心态对待自己的私欲。在羡慕和嫉妒之外，以一颗平常心对待花花世界里的诱惑，老天总是会把机会留那些勤奋的人的。

◆ 良方50：谨慎对待心理失衡

现实生活中，有些男人心里笼罩着沉重的阴影，或抑郁孤独，或嫉妒猜疑，或喜怒无常，或无端恐惧，或顾虑重重……这些心理被称为心理失衡，它对人生和生活都是有害的。心理失衡主要有以下几种表现：

灰色心理

“灰色心理”一词源于美国。美国社会医学专家经调查发现，许多男人到中年时常会出现消沉颓废、郁闷不乐、焦虑烦躁等不良心理状态，这种心理状态被称为“灰色心理”。

抑郁症

有资料表明，抑郁症是造成全球精神疾患的主要原因之一。在年满20岁的成年男子中，每年的抑郁症患者正在迅速增长，不少人正遭受此

病折磨。

情绪饥饿

情绪饥饿常产生在生活富足、闲散舒适、无所追求的男人中。他们长期无所事事，精神毫无寄托，缺乏亲情安慰，处在情绪起伏的不健康状态。久之，便会心情抑郁、疾病缠身。

信息膨胀

随着科学技术的迅猛发展，信息传递之快使人目不暇接，社会发展已进入到一个信息爆炸的时代。在这些滚滚而来、五花八门的信息面前，一些男人不知所措，不知道是该迎合还是该回避，以致产生心理不适应现象。

造成男人心理失衡的原因有许多。社会变迁过快、生活方式日益更新、家庭观念淡薄等都会使人走进失落的世界。男人必须设法摆脱心理失衡，使思维正常运作，走出心灵的误区。

牢记生命总是简单

要清醒地认识到生命总是由旺盛走向衰老直到消亡，这是不能抗拒的自然规律。应当养成乐观豁达的个性，平静地接受生理上出现的种种变化，并随之调整自己的生活和工作节奏。事实上，那些拥有宽广的胸怀、遇事想得开的人是不会受到灰色心理困扰的。

培养多种兴趣，挤走失落感

适度紧张有序的工作可以避免心理上滋生失落感，令生活更加充实，而充实的生活可改善人的情绪和抑郁心理。同时要培养多种兴趣，爱好广泛者总觉得时间不够用，生活丰富多彩可增强生命的活力，令人生更有意义。

保持内心宁静

面对大量的信息不要紧张不安、焦急烦躁、手足无措。保持内心宁静，学会吸收现代科学信息的方法，提高应变能力。

得与失不过是过眼云烟

要根据社会的要求随时调整自己的意识和行为，使之更加符合社会规范。要摆正个人与集体、个人与社会的关系，正确对待得失成败，这样就可以减少心理失衡。

◆ 良方51：正确化解心理危机

人的生命曲线从高峰跌下，而工作和家庭的负担曲线则向上攀升，这两条剪刀状曲线的相交处正是中年。由于生理上的变化，中年男人在心理、思维和工作等方面都发生了显著变化，出现了信念危机、生理危机、事业危机、职业危机、人性危机、心理危机、情感危机和亲子危机等8种危机，其中心理危机有：

孤独

中年男人忙忙碌碌，负载着家庭和事业。由于一头扎在自己的天地里，很少有时间与别人进行交流，中年男人会备感孤独。竞争空前激烈，人与人之间的关系越来越冷漠，彼此产生警戒之心，成功的中年男人会有种高处不胜寒的感觉，事业进展不顺的中年男人则难免会产生沮丧、压抑的感觉。“我的心已老”是中年男人常发出的感慨。大多数中年人都会有内在的、精神上的孤独。

敌意

中年男人可能会同情那些在生活中陷入困境的人，对那些平步青云的人却往往会生出敌意来，敌意的产生大都与自卑感有关。当中年男人有了一番建树后会变得和蔼、富有同情心和慷慨大方；而失败之后，又很容易恼怒。一个中年男子在工作中遇到麻烦时，孩子打翻油瓶也足以使他大发雷霆；可同样的事情若发生在自己得到上司嘉奖的那天时，他的态度可能会180° 大转弯。

虽然敌意对中年男人来说是十分普遍的现象，但它毕竟是种消极情绪，过多的敌意很容易使一个人的心灵扭曲，习惯戴着变色眼镜看人，以至于经常牢骚满腹、痛苦不堪。

沮丧

有些功成名就的中年男人也会产生沮丧。例如事业成功的男人，当他的妻子决心读书或工作时，如果他们自己不善于处理家务，面对乱七八糟的家，往往会出现强烈的沮丧感。

沮丧情绪常会扩大生活的不幸，所以对被持续强烈的沮丧情绪困扰的中年男人来说，很有必要接受心理治疗，但这些人又常常不愿承认自己心理有问题，这就不可避免地会对他们的工作、生活、婚姻造成进一步的破坏。

压抑

现代社会强调竞争，强调出人头地，尤其对男人来说更是要建功立业，从而给他们带来了无穷的心理压力。而中国传统社会文化又要求人们“喜怒不形于色”，强调人对自己情绪的抑制，这就造成了许多男人的抑郁症状，深化了情感危机。

焦虑

由于工作和家庭的压力以及对事业成功的渴望，男人的心理压力往往很大，很多人由此而焦虑不安。要想摆脱心理危机，就应调整心态，培养快乐的心态，形成积极的自我；挖掘潜能，重新调整自己人生奋斗的目标；学会关心自己，抓住机遇走向成功。

面对这些心理危机，应用正确的方法去化解：

自我接纳

当你的眼角爬上皱纹，当你的黑发变得花白，当你的青春活力开始衰颓，你要明白那是人生的必经之路；当你患上高血压、冠心病之类的常见病，你应该明白那也是人生路上的九曲桥。这时，你需要悦纳自己，努力接受这些现实。

理性面对

对于自己所患的躯体疾病、工作和生活上遇到的挫折，要理性面对，把这些当做是一种挑战，当你跨越过去，一定会有强烈的征服感和持久的满足感。相反，整天害怕早衰、担心失去工作能力等，正是产生男性中年危机的原因。

发挥优势

人生在不同的时期有不同的优势，中年男性充满智慧，社会经验、生活经验都十分丰富，人格也更趋成熟。因此，中年男性往往被称做最有魅力、最懂体贴的人，是家庭的核心与支柱。如果充分发挥这些优势，所有的心理问题将不会再靠近你。

不断进取

到了80岁都还在进步着，这样的人生才是美妙的人生。中年男性承担着养老携幼的责任，是承上启下的关键，要靠不断进取才能肩负起这些重任。只有不断进取，才可以领略到人生最大的乐趣。

良方52：男人有泪也该弹

眼泪是人瞬间心灵情感的流露，它于女人似乎向来都是天经地义的，而且也很少有女人在伤感和受到委屈时刻意地把它咽到肚子里去。可是眼泪于男人则不然，一直以来，男人都被“男儿有泪不轻弹”这句话约束着，所以，即便他们的心中有苦有泪，也总是会刻意地去控制自己的泪腺，而绝不会让眼泪如女人般倾盆而下。

哭泣的男人被主流文化蔑视，这样的男人显得太软弱，不足以承受痛苦，太不能克制感情，太情绪化，太女性化，阳刚不足阴柔有余，不像个男子汉……这些传统习俗束缚着男人。其实，男人过度压抑自己对健康非常不利，适当的发泄也未尝不可，当感到特别痛苦时选择适当的场合大哭一场不失为一个好办法。

痛苦是一种精神现象，哭泣是一种生理现象。后者是对前者所带来的压力的自然调解，是一种释放。哭泣是我们的一种自然康复过程，是我们保持身心健康所需要的。但是，成年人，特别是成年男人，却剥夺了自己通过哭泣自我疗伤的权利。

哭泣并不意味着软弱，当哭泣带走痛楚时，才会变得更为强大。眼泪不代表软弱，只能说明我们是正常的、有血有肉的人。如果一个男人在创伤面前不哭泣，倒真要怀疑他的生理或心理是否有些不正常了。

如果该哭泣的时候却选择了沉默，将苦痛压到心底，在那里发酵，最终将受到更大的伤害，而这种伤害很可能转移到对他人与社会的负面影响上。由于长期压抑自己的情感，在性格上会变得非常僵化，出现无理的刚愎、顽固、木讷甚至冷酷，其结果可能造成人们心理上的矛盾，甚至造成精神上的崩溃。

生活中，我们每个人都渴望事业、家庭事事顺心如意，但事实上生活却总是酸苦甘辛咸五味俱全的。当你面对追求的失落、奋斗的挫折、情感的伤害时，千万不要把眼泪咽到肚子里，而要及时地进行调节与释放，否则长期的情绪压抑就会影响你正常的工作、学习和生活，继而还有可能导致身心疾病，危及健康。

男人应该抛弃陈腐观念，不要过度压抑自己，想哭的时候就痛痛快快地哭上一场。当然，还可以丰富业余爱好，以生活兴趣摆脱心理困扰：加强运动，以振奋精神；常听音乐，以改变心境……这些都是不错的方法。

良方53：享受轻松生活

有人说，男人是突然变老的，而女人是逐渐变老的，这话是有一定的道理的。一些心理问题如抑郁、焦虑、人际关系敏感等，在男性中是很常见的。

男人的角色意识过强。一方面，公众对男性的期望值一般是事业有成，导致其格外关注自己的工作。另一方面，男性的耐受力虽较女性差，可是在公众的眼中，男性是强者，理应承受一切，即使有苦恼也会压抑着，就连哭这种最原始的发泄权利都被剥夺了。于是有的男性就用吸烟、喝酒、通宵游戏、混迹于娱乐场所等不恰当的方式来摆脱苦恼，结果往往适得其反，损害自己的身体健康。

竞争激烈的社会中，男人压力大是不争的事实，关键在于如何应对压力，轻松生活。

改变认知，充分体验人生

人生中，未完成是常态，积极进取是好的，但要保持超脱的心境。幸福感与拥有金钱的多少并不成正比，这对于苦苦追求金钱的男性来说，是应值得考虑的事情。

调试动机，放松心情

在竞争力强的社会中，男性心存高远是件好事，但就具体实现的层面而言，我们则要注意动机不要过强，孤注一掷更不可取。动机过强，人易情绪紧张、思维紊乱、注意范围狭窄，反而事倍功半。

改变生活，轻松工作

适当运动，最简单有效的方式是40分钟左右的快走；无条件全部接纳自己的成功与失败，因为它们都是你人生的体验，都可以给你带来成长和智慧；拥有能坦诚交谈的好友，能对妻子说说内心的想法，都会带给自己意想不到的放松与生活情趣；适当从事工作以外的活动，培养业余爱好，如摄影、听音乐、冥想等；保证业余时间不受侵犯：下班后少谈或不谈工作，不要将家变成工作场所；把工作分出轻重缓急，只专心做最重要的事，其余暂放；还可以寻求专业的心理老师的指导与咨询。

总之，现代男性不仅要学会轻松工作，更要学会轻松生活。

◆ 良方54：劳逸结合，放松心情

衰老不仅仅是女人所面临的问题，男人同样躲不过。要想延缓衰老，男人必须了解自己在不同年龄段的生理特征，有针对性地采取各种保健方法。

20～30岁：少吃甜食，少量饮酒，尽量戒烟

这一年龄段，男人的身体新陈代谢开始放慢，甜食由于含热量过高，容易转化成脂肪堆积在腹部，最好是少吃或戒掉。

由于这一年龄段的男人正是干事业、交朋友的大好时机，平时娱乐、喝酒的机会较多，因此要注意少喝酒。酒能使人增加患肝癌、口腔癌和喉头癌的可能性，还能使血压升高，导致患心脏病或心肌梗死。过量地饮酒还会影响性生活的质量，而大量的酒精更会对人体精子造成损害。

由于吸烟会增加患心血管病、肺癌和呼吸器官疾病的危险，因此，这一年龄段的男人最好戒烟，如一时戒不了，应多吃胡萝卜、葱、蒜、菠菜和橙黄色的水果、多吃鱼类、经常喝茶等以减轻烟害。

要经常锻炼身体，可以时常做做深呼吸，其好处会慢慢体现出来。要想延缓肌肉衰老，只能多做运动，但运动项目的选择颇有学问，只有那些更像娱乐的运动而不是高强度的训练对此才有帮助，否则将会适得其反。这些运动既可

促进体内多余热量的燃烧，又可维持正常的物质代谢。如果此时不加紧时间锻炼身体，70岁时体能就会下降2/3。

这一年龄段正是成家立业的最佳时机。据统计，结婚有偶者的早死率比独身、丧偶和离异者低。要选择好自己最适合的职业，合适的职业对寿命有着巨大的影响。

30～40岁：劳逸结合，防止噪音，护好皮肤

进入而立之年，皮肤开始松弛，眼睛周围开始出现皱纹。这时应该少晒太阳，经常涂抹润肤霜，以防止皮肤干燥。

这一年龄段的男子所面临的另一个问题是听力下降，这是工作和生活环境中的噪音造成的。如果你是音乐发烧友，就少听一些重金属音乐，在噪音比较大的岗位上工作一定要戴上耳塞。

血液中胆固醇的含量会随年龄而升高，堵塞血管的低密度脂类物质也不断增加，而有助废物排泄的高密度脂蛋白却在减少。因此，注意饮食便显得尤为重要，切忌暴饮暴食。为增加高密度脂蛋白的含量，宜进食较为清淡的食物。要控制脂肪，构成每天能量的脂肪摄入量不得少于15%，但不宜超过30%。

这一年龄段的男性应该着手预防肾脏疾病，每天喝8～10杯清水。35岁后，男人的小腹很容易凸起，体育活动时千万不能三天打鱼、两天晒网。

这一年龄段的男人诸事繁杂，情绪紧张，易对进食量有所影响，如果不按时定量进餐而时常过饥过饱，可能使肠胃受损，影响情绪与睡眠；情绪与睡眠较差又会影响进食，从而形成恶性循环；在此种情况下多感疲惫不堪，自然又会影响性生活的和谐。当劳累与紧张时，很可能出现头晕气短、精神涣散的现象，身体较弱者尤甚。所以，在饮食中应有意识地多吃些富含蛋白质的食物如牛奶、鸡蛋等，并注意均衡摄取多种营养素，才可使体内营养充足而精力充沛。

40～50岁：活动双目，勤查身体，放松肌肉

这一时期最令人头疼的问题是视力下降。糖尿病是导致失明的最常见病

因，它会逐步损伤人体血管，甚至眼部。所以，应定期去医院眼科作检查。平时不妨多做一些眼部练习，可以上下左右慢慢转动眼球或是伸出手臂，用大拇指在身体前画8字，目光跟随拇指移动。每天花15分钟进行这些练习，能够有效预防老花眼和白内障。

繁忙的工作令人神经紧绷，因此可利用简单的肌肉松弛法，以达到全身松弛状态。方法如下：找个地方坐下，快速地拉紧身体某一块肌肉持续5秒钟，然后再慢慢放松。反复进行肌肉收紧、放松动作，从头、眼睛到脚趾，全身肌肉都可以进行。

改变几年都不去医院的坏习惯。许多男人不爱去看医生，据统计，有80%的重病患者承认，自己是长期不去医院，小病误成大病，等到心脏病、脑溢血等病发作时才不得不去医院，贻误了最佳治疗时机。故每年例行体检是保持健康的最好方法。

良方55：运动让你更健康

都说锻炼有很多好处，女人锻炼是为了身材更好更纤瘦。那男人呢？其实男人比女人更需要锻炼，他们有着很多“不得不锻炼”的理由。但是在运动的过程中，又有很多人会犯错，比如：一周到底要锻炼几次才能真正有效？某某部位的最佳运动又是什么？不少人在锻炼时存在几个认识上的误区：

腰部最佳减肥方式是进行腹部运动

许多人认为，锻炼身上某个部位的肌肉，那个部位的脂肪就会消耗掉。实际上，不论进行何种运动，消耗的是整个身体的而不是某个部位的脂肪。当然，如果你减少了整个身体的脂肪，那你自然也会看到腹部脂肪的减少。

要保持健康，一周只需锻炼两次

研究表明，人体肌肉不锻炼，力量很快就会消退。在48～72小时之后必须再锻炼，才能重新获得良好的健康状态。科学家指出，天天锻炼最有效，一周锻炼三次可保持健康水平。

减肥锻炼时必须流大汗

流汗只会降低体温，使身体避免过热，而不能减肥。锻炼后体重可能会减轻一些，但减轻的是失去的水分，一旦补充了水，体重又会复原。

慢跑要比步行相同距离消耗更多的能量

不论你慢跑还是步行相同的距离，消耗的能量是一样的。因为你是在相等的距离内移动相同重量的身体，速度不起作用。如果你是慢跑而不是步行30分钟，那你消耗的能量就大大增多了，因为你跑了更远的距离。

用力的伸展运动能使肌肉富有弹性

各种伸展运动，如腰部的扭动或弯曲、上体前屈双手触摸脚尖等，应该缓慢进行，让肌肉伸展放松。用力的伸展运动会使肌肉绷紧、受伤。

想运动，永远都不晚，不过，为了获得最佳健身效果，同时避免伤害，不同的年龄、性别需要选择不同的运动方式。

20多岁的男孩应该多做一些户外运动，以锻炼肌肉，同时加强心肺功能。和朋友们打篮球或网球是不错的选择。

30多岁的男子，在运动量上应该做一些调

整，不要剧烈运动。记住运动前后要做伸展练习，防止拉伤。

40多岁的男子，应选择低强度的活动，如慢跑和爬山，能很好地强壮关节和心肺。进行力量训练时，应选择小重量多次重复的练习。

50岁以后，随着年纪的增长，运动应以提高生活质量、预防跌倒、提高心理承受能力为目的，可以让自己终生受益。50岁以上的男子可选择的有氧运动包括快步走、游泳和骑自行车。

第六章

男人在外打拼不容易，而打拼的过程就如同做八宝饭一样，正因为在其中恰到好处地加入了红枣、葡萄干、桂圆肉、核桃仁等，又经过了高温的历练，才得以化平凡为不凡。男人的一生，不也是如此吗？

八宝健胃饭：
智慧的火花照
亮辉煌之路

良方56：随时随地注意自己的仪表

生活中，不少男士认为注重仪表是女人的事，与男人毫不相关，因此对美容、装饰、打扮不屑一顾。在他们眼里，男子对镜梳妆、讲究穿戴，便是“女人气”，缺乏男子汉气概，只有不修边幅、不重仪表、不讲究打扮，才是男性的自然美。

其实，蓬头垢面、邋邋遢遢、衣冠不整并不是男人应有的风度，而注重仪表是人们对外貌的装点、修饰，不仅能使自己精神愉悦、英俊洒脱，还有利于身心健康，也能让周围的人感受到整洁、文明和亲切。

当然，男子的外表修饰不能油头粉面，更不能打扮得花里胡哨，不伦不类。应力求整洁、儒雅、文明，给人留下亲切、大方、纯朴、正派的感觉，这才是真正的男性美，有助于增添男性的魅力。

男人爱美不像女人那般投入，但若不注意自己的形象，就会成为时代的落伍者。一个头发杂乱、衣衫不整、眼神散漫的男人，会得到同性的友情吗？会讨得女性的喜欢吗？结论当然是会影响他的交际。

那么，男人的形象要注意哪些方面

呢？一般来说，要保持绅士形象也不是很难，注意以下几个方面即可：

身上不可有异味

男人的汗腺比较发达，出汗后身上会产生一种酸腐味，这样会使人敬而远之。所以，大汗刚过的男人如有可能应沐浴更衣后再往人群中凑，或注意与他人保持一定距离，还可在腋下、胸前等易出汗的部位涂抹一些止汗香剂。吸烟的男人最好在与人交谈时停止吸烟，注意不要过近地与人面对面谈话，吸烟后最好能嚼点儿口香糖等能去除烟味的食物。不少男人是汗脚，所以，应注意保持鞋的清洁，皮鞋最好有两双以上，轮换着穿。

胡须、头发常清理

男人的头发和胡子很容易影响自身的美观，油腻脏乱的头发对精神面貌有很大的负面影响。应该每天都将胡须剃干净，保持下巴的光洁平整，这样看上去更显年轻和精神。

注重面部清洁

多数男人的脸比较容易油腻，且易生出粉刺，因此要特别注重面部的清洁。不妨选用男士洗面奶及吸油面纸等，每日早晚各清洁一次，这样既能保持面部的清洁，又能起到护肤的作用。

不要变得女人气

男人与女人美的标准不同，如果男人像女人那样涂脂抹粉，会显得不伦不类。男人不应使用过浓的香水，不可穿着太花哨的衣服，语言和动作也不应矫揉造作，否则会有失男子汉形象。

衣装不要太随便

男人不能还抱着不需要打扮自己的旧观念不放，男人的服装式样比较少，这就更要注意细节和搭配，特别是颜色和款式的搭配，穿出自己的个性。

精神面貌不容忽视

男人的形象与其精神面貌有很大的关系，如果外表各方面都处于最佳状态，但目中无光，神态不振，这个人的形象也就谈不上好。所以，男人在精神面貌上要保持对生活的乐观和追求，少些抑郁忧愁，多些爽朗欢笑。

良方57：要有接受批评的诚意和胸怀

你体会过成功的喜悦吗？你成功后尝试过向全世界炫耀吗？

是的，成功的确是很美好的事情，很多人都希望在成功后第一时间告诉所有的人，让那种喜悦传遍整个世界。但是，如果有人在你飘飘然的时候说了一些不顺耳的忠言，你是否能够做到泰然自若？坦诚相见，是有力量、有信心的表现；虚怀若谷，是我们应有的思想境界。

人生难免会遭到失败，因为失败而受到批评也是不可避免的，问题在于如何总结失败的经验教训，避免失败再次发生，而不是让你抓住失败的痛苦不放。因此，能虚心接受批评的人会受到他人的喜欢。

在繁忙的业务中有的失败只要再仔细一些就能避免，这样的失败就非常容易惹人生气。特别是在年轻的时候，我们经常会由于粗心大意而出错，给他人带来很多麻烦，因而被上司警告或批评。

无论是谁，当因为犯错而受到警告或批评时，都会感到不快。尤其是当着别人的面受到了警告或批评时，谁都会感到自尊心受到了伤害。可是，在这种情况下，你的态度如何对你以后的人际关系有很大的影响。对上司的警告如果采取反抗、破罐破摔的态度或极力为自己辩解，你与上司的人际关系恶化将是意料之中的事。相反，如果能虚心接受批评，那么你们之间的人际关系一定会很融洽。

那么，怎样才能成为虚心接受批评的人呢？有下面几个要点：

真诚道歉

发生错误虽然有多方面的原因，但是最能获得他人谅解的方法就是真诚地道歉。批评者难免会在批评他人时显得有些气愤，而被批评的一方也容易在不知不觉中表现出不满。上司越是批评自己，就越想为自己辩解，这是人之常情。可是在上司批评你时，无论有什么理由也要忍耐一下，首先应老老实实地承认自己的错误并表示道歉。

认真倾听他人的意见

如果有承认自己过错的诚心，就能老老实实地倾听他人的批评，之后再说明一下当时的情况和发生失误的原因，上司在了解了情况之后也许会给你一些处理问题的意见和建议。

切忌把责任推给别人

所谓“公司”是一个向着共同的奋斗目标前进的，相互理解、相互帮助、同心协力的有理性的集体，它的最小组成单位是一个个相对独立的人，借助人与人之间的相互信赖关系可以形成强大的组织和企业。从这个角度考虑可以知道，个人是否积极地工作对公司和组织来说极为重要。个人的作用虽然不能以立竿见影的形式表现出来，但给予公司的影响却是很大的，所以必须充分认识到人与人之间信赖关系的重要性。从这种意义上讲，因发生错误而受到批评时把责任推给别人的行为是一大禁忌。

从失败中吸取经验和教训

任何人都是在经历种种失败中成长的。失败不要紧，重要的是不要再重蹈覆辙，为此有必要把被批评的内容记录下来。

同上司好好谈一谈

因为什么而使自己受到了这么严厉的批评？自己哪里做错了？谁都有心里不服、无法接受的时候，这时，有必要和批评你的上司好好谈一谈。即使被严厉地批评后也不应怀恨在心，因为被批评绝不是什么可耻的事，人都是在遭受失败、被批评中一点一滴地成长的。

良方58：幽默提升个人魅力

在这个花样美男横行的年代，对于相貌平平的男人来说实在痛苦，既不愿挨刀整容又不愿扎在人堆里自甘平庸，怎么办？告诉你，最快的个人魅力增值方法就是“幽默”。那些故作深沉的男傻瓜们，不妨天马行空找点幽默感吧。

幽默是一种智慧的表现。富有幽默感的人到处都受欢迎，可以化解许多人际交往中的冲突或尴尬的情境，使人怒气难生。

幽默是人生的止痛剂，它使人们在受到创伤后仍能保持轻松的心情，使创伤尽快痊愈。

幽默是生活的润滑剂，它能鼓舞人们在举步维艰时仍能奋力前行。

幽默是一串欢笑，它使人在忧伤愁苦中闻到一丝希望的气息。

幽默是一种高层次文化修养的外在表现，它与粗俗浅薄、低级趣味格格不入。

幽默是一种才华、一种力量；幽默是一种气质、一种风度；幽默是一种文化、一种艺术；幽默是一种人生智慧、一种人生态度；幽默是一种境界、一种品位、一种美丽；幽默是智慧的流露、创造的结晶。

幽默好比温润小雨，好比潺潺流水，好比融融春光，它孕育着人与人之间愉快、祥和的气氛。

幽默又好比化学反应中的酸碱中和，可以化干戈为玉帛，使剑拔弩张的双方相视一笑，握手言和。

真正的幽默是从内心涌出的。它不是轻视，它的全部内涵是爱和争取被爱。幽默力量的形成主要在于我们的情绪，而不在于我们的理智。幽默的力量是以愉悦的方式表现出来的，表达出个人的真诚、心灵的善良，以及对别人、对生活的爱心。如果你能够真正掌握幽默这种力量，那你就会有不平凡的作为，创造出更有意义的人生。

有人认为幽默只是一种轻浮，是巧舌如簧，其实正是这种态度把生活搞得枯燥无味。他们并不真正懂得幽默，也就从来不会实现精神上的超越。一个毫无幽默感的人，常会遇到种种困难，甚至会对自己、对别人造成伤害。

真正的幽默要在严肃与趣味之间达到相宜的平衡，幽默不单单是引人发笑，而且能给人们心理带来一种轻松和快慰。幽默是对他人过失的原谅，是对周围环境的喜剧式调侃，也是对自我困境的一种自嘲和解脱。幽默绝对是善意的，是对恶意的一种消解和抹平。在现代人的社交圈子内，幽默已被公认为是一种潇洒，一种优雅，一种高深，一种含蓄。

幽默是滑稽，但又不完全是滑稽，它比滑稽有更多的内涵、更高的层次。幽默好像是嘲讽，但又不完全是嘲讽。幽默总是含蓄的、具有分寸感的、适可而止的。

幽默的男人每一天都充满活力，似乎从来不识愁滋味，只要有他在，就不愁没有欢乐的笑声。

幽默的男人不论在哪种场合、哪种境遇都能创造一个轻松、欢笑的氛围。人们都以能与其交朋友为一大快事，因此他们朋友多。

幽默的男人善解人意，家庭生活中琐碎的锅碗瓢盆在他们手中反能激起感情上的浪花。

幽默的男人一张口莲花生香，一双手勤做善事，一颗心有情有意。

幽默的男人懂生活、爱生活，魅力非凡。

良方59：嫉妒是做人的大忌

有人认为嫉妒是一种在女人心里时常产生，而为男人非常不屑的东西；有人认为嫉妒是一种自我缺乏信心的心理现象；也有人认为嫉妒是一种不服、不悦、自惭、怨恨，并伺机报复的复杂心理。其实说白了，所谓“嫉妒”就是恨人有、气己无的一种心态。

历史上一直流传着“宰相肚里能撑船”、“大人不计小人过”、“好男不跟女斗”等表现男人豁达的语句，而事实却并非如此。以邻为壑、嫁祸于人的事，男人也不是干过一次两次了。

男人的嫉妒心理一般有三种不同的表现形式：一是对自己嫉妒的对象进行攻击，感情向外部发泄，从给别人设定障碍中获得满足。这种表现形式一般都具有破坏性，对被嫉妒者采取诬蔑、诽谤甚至“打黑枪”的手段，情节严重的甚至会触犯法律。二是转化为竞争动力。采取这种形式的男人个性豁达，靠理智和人格将嫉妒心转化为竞争的力量，能形成一种比、学、赶、帮、超的局面，一般对被嫉妒者不会造成任何伤害。三是沉淀成憎恨心理。采取这种形式的男人既没有攻击被嫉妒者的蛮劲，也没有化嫉妒为竞争的心胸，而是将仇恨深深地埋在心底。

然而，男人毕竟是男人，他们很少像女人那样因嫉妒而吵得面红耳赤，男人是社会的主角，男人更看重面子。男人总是比女人有城府，嫉妒的男人做事仍然不失谋略，他们会将目标设定在远处，然后步步为营，使用“迷魂大法”，带动着周围的人与事慢慢进入他们预谋已久的圈套。最后，报仇之箭射出时，一切都在他们的掌握之中。男人对这种发泄嫉妒的方式津津乐道，美其名曰“韬略”。

这种男人处心积虑地设计陷阱，只因为他们发现竟然有人比他更加耀眼、更加引人注目，不仅这样而且还由此平步青云，这让他们心中极为不快，觉得不管怎样都得整整他。于是开始了一场男人与男人之间的较量，较量的一方心怀仇恨，而另一方却一无所知，因为前者依旧对后者称兄道弟，于是就有了“笑面虎”这个代名词，就有了“笑里藏刀”这个成语。

好嫉妒的男人往往会把业绩总是在自己之上的人作为眼中钉，恨不得抡起棒子置对方于死地。但男人还是冷静了下来，他们开始在背后编派对方，给对方的工作设置障碍，尽量不让对方有机会与自己竞争。在表面上他们还是会友好如初，等转过脸去牙齿却咬得咯咯作响。如果他们的计谋并没有阻止对方比自己更快地进步，他们就会恼羞成怒，即使面对面碰上，也会无视对方的存在。他们的下巴越抬越高，他们的双眼闪着嫉恨。

嫉妒是男人手中的利剑，他们一定要让剑刺中目标，才能解除心中的恶气。这一场厮杀无声无息，但却更加残酷。这种心胸狭隘的男人，最终只会落得个身心俱疲、头破血流的境地。

心胸狭隘的人都有一些共同的特点，那就是处处防范别人，对别人的成绩不承认，听不得反面意见，嫉妒别人。这一切都是个人发展、进步的障碍，这样狭隘的胸怀会把我们自己逼向绝路。

嫉妒表面上是对自己的地位、利益进行保护，而实质上是对自己工作能力的怀疑。在他们的潜意识里，觉得别人的能力会超过自己，为了巩固自己的地位，就会像跳梁小丑一样在众人面前拼命表现自己，对别人就会想方设法去打击、压制。在这种情况下，人丧失了基本的判断能力，丧失了基本的是非观。

嫉妒，最终会苦了自己、害了自己。试着从以下几点进行自我调节，把嫉妒拒之门外：

提高道德修养

封闭、狭隘意识使人鼠目寸光，因此应该不断提高自身的道德修养，不断开阔自己的视野，与人为善。

正确认识嫉妒

一个人的成功不仅要靠自身的努力，还要靠他人的帮助，嫉妒只会损人损己。

客观评价自己

当嫉妒心理萌发时，能够积极主动地调整自己的意识和行为，从而控制自己的动机。这就需要客观、冷静地分析自己，找到差距和问题的所在。

见强思齐

一个人不可能在任何时候都比别人强，人有所长也有所短。人固然应该喜欢自己、接受自己，但还要客观看待别人的长处，这样才能化嫉妒为竞争。

看到自己的长处

聪明人会扬长避短，寻找和开拓有利于充分发挥自身潜能的新领域，这样就能在一定程度上补偿先前没能满足的欲望，缩小与嫉妒对象的差距，从而达到减弱乃至消除嫉妒心理的目的。

经常将心比心

嫉妒往往会给被嫉妒者带来许多麻烦和苦恼，换位思考就会收敛自己的不当言行。

转移注意力

积极参与各种有益的活动，嫉妒的毒素就不会滋生、蔓延。

学会自我宣泄

最好能找知心朋友、亲人痛痛快快地说个够，他们能帮助你阻止嫉妒朝着更深的程度发展。另外，可借助各种业余爱好来宣泄和疏导，如唱歌、跳舞、练书法、下棋等。

良方60：保持高昂的斗志

在如今这个竞争激烈的年代，稍有不慎就有可能惨遭社会的淘汰，因此保持高昂的斗志至关重要。

离开舒适区

要不断寻求挑战激励自己，提醒自己不要躺倒在舒适区。舒适区只是避风港，不是安乐窝，它只是你准备迎接下次挑战之前刻意放松自己和恢复元气的地方。

把握好情绪

人开心的时候，体内就会发生奇妙的变化，从而获得新的动力和力量。但是，不要总想在自身之外寻开心。令你开心的事不在别处，就在你自己身上。因此，找出自身的情绪高涨期，用它来不断激励自己。

调高目标

许多人惊奇地发现，他们之所以达不到自己孜孜以求的目标，是因为他们的主要目标太小、太模糊不清，以致使自己失去了动力。如果你的主要目标不能激发你的想象力，目标的实现就会遥遥无期。因此，真正能激励你奋发向上的是：确立一个既宏伟又具体的远大目标。

加强紧迫感

自以为长命百岁无益于你享受人生，然而大多数人对此视而不见，假装自己的生命会绵延无绝，唯有心血来潮的那天才会筹划事业和人生。其实，直面死亡未必要等到生命耗尽时的临终一刻。事实上，如果能逼真地想象我们的弥留之际，会产生一种再生的感觉，这是塑造自我的第一步。

慎重择友

对于那些不支持你目标的“朋友”要敬而远之。你所交往的人会改变你的生活。与愤世嫉俗的人为伍，他们就会拉你沉沦。结交那些希望你快乐和成功的人，你就在追求快乐和成功的路上迈出了最重要的一步。对生活的热情具有感染力，因此同乐观的人为伴能让我们看到更多的人生希望。

迎接恐惧

世上最秘而不宣的秘密是，战胜恐惧后迎来的是某种安全有益的东西。哪怕克服的是小小的恐惧，也会增强你对创造自己生活能力的信心。如果一味想避开恐惧，恐惧反会像疯狗一样对我们穷追不舍，此时最可怕的莫过于双眼一闭，假装它们不存在。

作好调整计划

实现目标的道路绝不是坦途，它总是呈现为一条波浪线，有起也有落。但你可以安排自己的休整点。事先看看你的时间表，框出你放松、调整、恢复元气的时间。即使你现在感觉不错，也要作好调整计划，这才是明智之举，只有这样，在你重新投入工作时才能更富干劲。

直面困难

每一个解决方案都是针对一个问题的，二者缺一不可。困难对于脑力劳动者来说不过是一场场艰辛的比赛，真正的强者总是渴望比赛。如果把困难看做是对自己的诅咒，就很难在生活中找到动力。如果学会了把握困难带来的机遇，你自然会动力十足。

应感觉良好

多数人认为，一旦达到某个目标，人们就会感到身心舒畅，但问题是你可能永远也达不到目标。把快乐建立在还不曾拥有的事情上，无异于剥夺自己创造快乐的权利。记住，快乐是天赋权利。首先就应有良好的感觉，让它帮助自己在塑造自我的整个旅途中充满快乐，而不要等到成功的最后一刻才去感受这份快乐。

加强排练

先排演一场比你所要面对的更复杂的战斗。如果手上有棘手活儿而自己又犹豫不决，不妨挑件更难的事先做。生活挑战你的事情，你也可以用来挑战自己。这样，你就可以自己开辟一条成功之路。成功的真谛是：对自己越苛刻，生活对你越宽容；对自己越宽容，生活对你越苛刻。

立足现在

锻炼自己即刻行动的能力，充分利用对现时的认知力。不要沉浸在过去，也不要沉溺于未来，要着眼于今天。当然要有制定和筹划目标的时间，不过这一切就绪后，一定要学会脚踏实地、注重眼前的行动，要把整个生命凝聚在此时此刻。

敢于竞争

竞争给了我们宝贵的经验，无论你多么出色，总会人外有人，所以你需要学会谦虚。努力胜过自己，能使自己更深地认识自己；努力胜过别人，便在生活中加入了竞争游戏。不管在哪里，都要参与竞争，而且总要满怀快乐的心情。要明白，最终超越别人远没有超越自己更重要。

内省

大多数人通过别人对自己的印象和看法来看自己。但是，仅凭别人的一面之辞，把自己的个人形象建立在别人身上，就会面临严重的危机。因此，只把这些溢美之词当做自己生活中的点缀即可，人生的棋局该由自己来摆。不要从别人身上找寻自己，应该经常自省并塑造自我。

走向危机

危机能激发我们竭尽全力。无视这种现象，我们往往会愚蠢地去追求一种舒适的生活，努力设计各种越来越轻松的生活方式，使自己生活得风平浪静。当然，我们不必坐等危机或悲剧的到来，从内心挑战自我是我们生命力量的源泉。

精工细笔

创造自我，如绘巨幅画一样，不要怕精工细笔。如果把自己当做一幅正在描绘中的杰作，你就会乐于从细微处作改变，一件小事做得与众不同也会令你兴奋不已。总之，无论你有多么小的变化，于你都很重要。

敢于犯错

有时候我们不做一件事是因为我们没有把握做好，我们感到自己状态不佳或精力不足时,往往会把必须做的事放在一边，或静等灵感的降临。如果有些事你知道需要做却又提不起精神，尽管去做，不要怕犯错。给自己一点自嘲式的幽默，抱一种打趣的心情来对待自己做不好的事情，一旦做起来了尽管乐在其中。

不要害怕被拒绝

不要消极地接受别人的拒绝，而要积极面对。当你的要求落空时，不要轻易打退堂鼓，应该让这种拒绝激发你更大的创造力。

尽量放松

接受挑战后，要尽量放松。自己能做的事，不必祈求上天赐予你勇气，放松可以产生迎接挑战的勇气。

每一天都是生命的缩影

塑造自我的关键是甘做小事，但必须即刻就做。塑造自我不能一蹴而就，而是一个循序渐进的过程，每一天都是我们整个生命的缩影。

重视今天

大多数人希望自己的生活富有意义，但是生活不在未来，我们越是认为自己有充分的时间去做自己想做的事，就越会在这种沉醉中让人生中的绝妙机会悄然流逝。只有重视今天，自我激励的力量才能汩汩不绝。

◆ 良方61：用智慧战胜蛮干

在工作岗位上打拼了几年，尝到了人生的风雨和情感的洗礼，男人开始慢慢沉淀下来，开始独立，开始坚持，开始隐忍。他们学会了自我控制，不再感情用事，不再意气用事，不再蛮干，不再冲动，而是用理性和智慧为事业添砖加瓦。

男人学会思考的结果是，他们不再人云亦云，他们开始有了自己的主张，这也是男人魅力的所在。

人活着要有自己的主张，这样才能维护人的尊严和人格。一般人都只有偏见，而少有主张，尤其是自己独一无二的主张，所以很难有吸引人的特质。而偏见或固执己见者，必然不会讨人喜欢。

人生的主张来自自身对生命意义的思索与定位。心中有主张，行走在人生的旅途中就比较可能攻守自如，刚柔并济，显现波澜壮阔的生命情调；心中无主张，则较容易随着外在环境与自身的欲望流动，显现出焦躁不安的生命情

调，或者外强中干，不堪一击。

不要被他人和外物所左右。经常为他人所左右的人心中充满了恐惧，进而坐立不安。这种人必定是一个失败者，因为他们无法做自己的主人。活着要有主张，归根结底就是要忘却外在的束缚，追求内心的一种超越，进退荣辱、是非成败全不挂碍于心，只要获得属于自己的那份恬淡和纯真就好，这样的生活才最有格调，也最有主张。

每个人都是这世界上独一无二的，没有任何人能够替代我们的思想和行为，我们应为此而感到自豪。做一个有主张的人，认识自己，承认自己性格中存在的某些缺陷并努力去改正它，超越自己，超越平庸。男人应该做自己的主人，掌握自己的命运，主宰自己的生活。

因为勤于思考、善于思考并且有自己的主张，我们做事不再冲动。冲动是魔鬼，我们相信，一个智慧的选择胜过千万次打拼。

古语教导我们要“三思而后行”，做任何事情都要有一个冷静的心态，遇事不慌，处事不惊，发现问题解决问题，不可一时冲动，逞一时英雄。冲动之下，人往往会丧失理智，作出错误的决定，从而做出让自己后悔的事。

遇到麻烦要慎重，要沉着冷静，而不是慌张无序、鲁莽从事。沉着冷静给自己赢得思考的时间，留有想象的余地，进而能将麻烦的危害性降低，甚至变害为利。如果遇到麻烦就慌慌张张、手足无措，就会把原本简单的事情搞复杂，扩大事情的态势，导致不希望的结果出现。

永远也不要在冲动之下慌忙作出决定，人在冲动的时候，头脑处于极度不理智的状态，说话做事也往往不假思索，不顾后果。智慧的人遇事往往三思而行，蛮干解决不了问题，巧干和实干才是成功之道。

良方62：打造团队精神

“团队”是管理学界近年较为流行的一个词，事实上，现代管理的确越来越重视团队精神。团队并不是一群人的机械组合，一个真正的团队应该有一个共同的目标，其成员之间的行为相互依存、相互影响，并且能很好合作，追求集体的成功。团队工作代表的是一系列鼓励成员间倾听他人意见并且积极回应他人观点、对他人提供支持并尊重他人兴趣和成就的价值观念。一个优秀的团队必须是拥有创新能力的团队，团队中的每个成员都习惯改变以适应环境不断发展变化的要求。

团队和一般群体不同，它是一个有机整体，团队成员除了具有独立完成工作的能力之外，同时具有与他人合作共同完成工作的能力。团队的绩效源于团队成员个人的贡献，同时永远大于团队成员个人贡献的总和。倘若群体中的成员没有协同工作的要求，群体的绩效小于群体成员个人绩效的总和。

以团队为基础的工作

方式可以提高成员的职业道德水平，团队力量的发挥是组织赢得竞争的必要条件，团队精神不等于集体主义。团队精神可以使组织保持活力、焕发青春、积极进取。

所谓“团队精神”，简单来说就是大局意识、协作精神和服务精神的集中体现。团队精神要求有统一的奋斗目标或价值观，而且需要信赖，需要适度的引导和协调，需要正确而统一的企业文化理念的传递和灌输。团队精神强调的是组织内部成员间的合作态度，为了一个统一的目标，成员自觉地认同肩负的责任并愿意为此目标共同奉献。

团队精神的基础是尊重个人的兴趣和成就，核心是协同合作，最高境界是全体成员的向心力、凝聚力，反映的是个体利益和整体利益的统一，并进而保证组织的高效率运转。团队精神的形成并不要求团队成员牺牲自我，相反，发挥个性、表现特长保证了成员共同完成任务目标，而明确的协作意愿和协作方式则产生了真正的内心动力。

团队精神是企业文化的一部分，良好的管理可以通过合适的组织形态将每个人安排至合适的岗位，充分发挥集体的潜能。如果没有正确的管理文化，没有良好的从业心态和奉献精神，就不会有团队精神。因此，团队精神必须要有一个良好的形式载体、必须要有制度体系来维护和巩固。

团队建设离不开企业理念、企业价值观的塑造，离不开创新力、凝聚力的培养，一个成功高效的团队成员首先是组织中的一员，然后才是团队的一分子。

在竞争激烈的年代，组织中的每个成员若想把工作做好，若想获得成功，首先就要想方设法尽快融入一个团队，了解并熟悉这个团队的文化和规章制度，接受并认同这个团队的价值观念，在团队中找到自己的位置和职责。

要打造一支有团队精神的队伍，并不是一件很容易的事，需要很强的耐心和毅力。

中国有句古话：“千人同心，则得千人之力；万人异心，则无一人之用。”意思是说，如果一千个人同心同德，就可以发挥超过一千人的力量；可是，如果一万个人离心离德，恐怕连一个人的力量也比不上了。这就是团队的力量，这就是我们需要的团队精神。

如何增强自己的团队精神呢？

要有主人翁的精神

要将自己的利益与企业的利益相结合。因为个人的利益来源于企业的利益，只有企业的利益得到了维护，自己的利益才可能有所保障。多为企业创造财富，就等于间接地为自己创造财富。要有主人翁的精神，真正把企业当成自己的。

要有思考性

在一个团队里，如果连起码的思考性都没有，那等于是滥竽充数。

要有自主性

在一个团队里，你应该知道自己处在什么样的层面上，然后按照自己的职能和职责去办事，不要总是等着别人提醒。

培养表达与沟通能力

表达与沟通能力是非常重要的，不论你做出了多么优秀的工作，不会表达，不能让更多的人去理解和分享，那就几乎等于白做。我们常说“行胜于言”，主要是强调做人应该多做少说。但现代社会是个开放的社会，你的好想法要尽快让别人了解，所以要注意培养这方面的能力。抓住一切机会锻炼表达能力，积极表达自己对各种事物的看法和意见，并掌握与人交流和沟通的艺术。

培养自己做事主动的品格

我们都有成功的渴望，但是成功不是等来的，而是靠努力做出来的。任何一个单位都不喜欢只知道听差的人，我们不应该被动地等待别人告诉你应该做什么，而应该主动去了解社会需要我们做什么，自己想要做什么，然后进行周密规划，并全力以赴地去完成。

培养敬业的品质

几乎所有的团队都要求成员具有敬业的品质。有了敬业精神，才能把团队的事情当成自己的事情，才能有责任心，发挥自己的聪明才智，为实现团队的目标而努力。个人的命运是与所在的团队、集体紧密联系在一起的，这就要求我们有意识地多参与集体活动，并且想方设法认真完成个人承担的任务。

培养宽容与合作的品质

今天的事业是集体的事业，今天的竞争是集体的竞争，一个人的价值在集体中才能得到体现。所以21世纪的失败将不是败于大脑智慧，而是败于人际的交往与合作，成功的潜在危机是忽视了与人合作或不会与人合作。在一个团队中，与他人的交往很重要。既要虚心求教，也要充分表达自己的观点。

集体中的每个人各有各的长处和缺点，关键在于我们以怎样的态度去看待。能够在平常之中发现对方的优点，而不是挑对方的毛病，培养自己求同存异的素质，这一点尤其重要。这就需要我们在日常生活中培养良好的与人相处的心态，并在日常生活中熟练运用。这不仅是培养团队精神的需要，而且也是获得人生快乐的重要方面。

要培养自己的全局观念

团队精神不反对个性张扬，但个性必须与团队的行动一致，要有整体意识、全局观念，考虑团队的需要。它要求团队成员互相帮助、互相照顾、互相配合，为集体的目标而共同努力。

◆ 良方63：言必信，行必果

“言必信，行必果”、“一言既出，驷马难追”这些流传了千百年的古语，都形象地表达了中华民族诚实守信的品质。在中华几千年的文明史中，人们不但为诚实守信的美德大唱颂歌，而且努力地身体力行。

诺言之所以能够成为一种力量，是因为信用具有无上的价值。社会秩序建立在人与人之间彼此遵守约定的基础之上，是否实践诺言，是衡量人类精神是否高尚的准则。道义、道德也都表现在守信上，如果人们不把守信作为制约自身行为的准绳，影响所及，社会生活的各个层面都将蒙受其害。每一个人都应遵守诺言，诺言是神圣的，承诺是金。

诚实守信、信守诺言是一种美德，更是为人处世之本。所谓“诚实”，就是忠诚老实，不讲假话。诚实的人能忠实于事物的本来面目，不歪曲、不篡改事实，同时也不隐瞒自己的真实想法，光明磊落，言语真切，处事实在。诚实的人反对投机取巧、趋炎附势、见风使舵，反对争功推过、弄虚作假、口是心非。

诚信是男人的一种财富，是男人的一种无形资产。很多男人喜欢信口开河，从不注重个人的诚信问题，他们不知道诚信对一个人的重要性。一个想在社会上立足的人，必须先建立起自己的信用。一个连起码的信用都没有的人，绝对无法成为一个真正成功的人。

一个忠诚老实的人对客观事物的认识能力也是有限的，不可能事事时时准确地反映客观事物的内在规律。因此，忠诚老实的人也有可能犯错误，但同虚伪的人犯错误的性质不同。诚实的人犯错误是由于认识能力和认识方法等方面的问题造成的，而虚伪的人犯错误则是由于不诚实，属于道德品质问题。

一个人要想在社会上立足，干出一番事业，就必须具有诚实守信的品德。一个弄虚作假、欺上瞒下的人，是要遭人唾骂的。诚实守信首先是一种社会公德，是社会对做人的基本要求。

诚实和守信是相通的，是互相联系在一起的。诚实是守信的基础，守信是诚实的具体表现；不诚实很难做到守信，不守信也很难说是真正的诚实。诚实侧重于对客观事实的反映是真实的，对自己内心的思想、情感的表达是真实的。守信侧重于对自己应承担、应履行的责任和义务的忠实，毫无保留地实践自己的诺言。

不管你身处何处，不管你是涉世未深还是饱经沧桑，都请你做到言必信、行必果，因为只有这样才能守住心灵的契约，才能赢得做人的尊严，才能成就一番事业。

良方64：求同存异，兼收并蓄

在校期间，同学之间互相争论一些东西，无论是生活价值观还是学术动向，可能因为没有利益之争，容易平淡下去。但也会因为有人辩论中的咄咄逼人而使得落败语塞的一方落落寡欢，甚至产生抵触的情绪而不愿意与之交往。

到了社会，因为一个组织内涉及到升迁、业绩、人际等各种利益纠葛，所以不论是工作内容还是闲谈趣事，辩论都要适可而止。对于非常重要的工作观点分歧最好拿到正规的会议场所进行斟酌和互动来分析和论证。对于无关紧要或是工作之外的东西则不必较真儿，求同存异、少涉纷争总是好的。不然万一碰上个心胸狭窄的同事或上司，就会埋下一颗仇恨的种子，为了一点小事而树敌是很不值得的。所以说我们可以小事糊涂，不胡乱抬杠；大事讲究原则，更追求方法。

同事之间由于经历、立场等方面的差异，对同一个问题往往会产生不同的看法，引起一些争论，一不小心就容易伤和气。因此，与同事有意见分歧时，一是不要过分争论。客观上，人接受新观点需要一个过程，主观上往往还伴有好面子和争强夺胜心理，彼此之间谁也难服谁，此时如果过分争论，就容易激化矛盾而影响团结。二是不要一味以和为贵。即使涉及到原则问题也不坚持、不争论，而是随波逐流，刻意掩盖矛盾，这种做法也是不妥当的。面对问题，特别是在发生分歧时要努力寻找共同点，争取求大同存小异。实在不能一致时，不妨冷处理，让争论淡化，又不失自己的立场。

可以肯定地说，当你受到了真正不公平待遇的时候，你完全有理由怨恨他人，因为你事实上是真的受了委屈。可是，请你冷静地想一想，当你在怨恨他人的时候，你自己从中得到了什么呢？事实上，你所得到的只能是比对方更深的伤害。

你的怨愤对他人不起任何作用，反而是你自己内心里的怨愤影响了你自身的健康，因为你的怨愤态度使你产生了消极情绪，这种消极情绪对你的健康和性情都会产生很大的负效应，从而对你造成伤害。更为严重的是，你总是想着自己受到了不公正的待遇，总是因此而极不愉快，也就会因此招致更多的不愉快。

想想看，你是否有必要改变自己的态度呢？要知道，我们所受到的不公仅仅是因为我们的心里有所欲求，如果我们把自己心中的这份欲求看得很淡，那么不公又从何而起呢？

当然，除非有特别的原因，你不必与那些与你之间存在着嫌隙的人表现友好。但是，如果你不愿原谅和学会遗忘，那么你也就否认了你自己的力量和自身的灵活性，由此也就使你更加相信自己是一个真正的受害者，而非一个控制者。如此一来，你对他人的怨愤就会升级，你自己所受到的伤害也同样会由此而升级。

抛弃对他人的怨愤之心，这是一个智者的做法。如果你还没有学会遗忘和原谅，那么从现在开始，你就应该要求自己，甚至可以强迫自己，不要怨恨别人。

事实上，忘记你所受到的不公，忘记对他人的怨愤，最终最大的受益者只能是你自己。当你忘记了怨愤，学会了遗忘和原谅，你就会发现，原来你所认为的那些不公其实根本不值一提，因为它们在你的一生之中是那么的微不足道。而你也同时会认识到，抛开对他人的怨愤之心，你所获得的快乐将是你这一生都享受不尽的。学会宽恕而不怨愤，这是我们应该具备的最重要的美德之一。

内心总是怀有着一份怨愤，却不懂得宽恕，是极其有害的，它会使你变得脆弱、易怒、怨天尤人甚至执著于报复，这除了会耗尽你宝贵的精力外，别无益处。

如果你的内心充满了怨愤，不懂得宽恕，那么你就会陷在痛苦的深渊里难以自拔。而学会宽恕、抛弃怨愤之心，就会使你卸下内心沉重的负担，从而感受到自由和轻松。我们应该了解，怨愤所导致的压力和紧张的情绪将影响到我们的生活质量，而宽恕则会把我们引领到欢乐和谐的美好境界，让我们的生活充满阳光。

宽恕是能够帮助你控制自我情绪的最有力的工具之一，不懂宽恕的人无疑是在毁掉自己必经的一座桥梁，因为在将来的某一天，你同样会需要他人对你的宽恕。当你学会了宽恕并熟练地运用宽恕的情怀对待他人的时候，你就会逐渐发现，你的人生也因此而变得更加快乐和幸福。

世上没有两片完全相同的树叶，也同样没有两副完全相同的面孔。每个人都有自己的特点，每个人都有自己的脾性，因而，我们应该有求同存异的胸襟，允许别人与自己不同。

良方65：别把工作压力带回家

工作压力，每个人都难免会感受到，而现今社会的发展、物质生活的丰富以及人们内心不断涌动的种种渴望让这些压力变得越来越沉重。我们常常忽略了家人的想法和感受，满脑子想的都是工作中的事——晋升、业绩、上下级关系等，忘记了这样只会给自己带来更多烦恼和不快，而且不经意间也可能伤害了身边的人。那么，怎样才可以不把工作压力带回家，不让工作中的那些困扰影响家庭和谐呢？作出改变其实并不难，只要你愿意，可以试着从以下几个简单的方面入手：

不要把工作当成一切

当你的大脑一天到晚都在想着工作的时候，你的情绪、心情也被那些事情所左右了，哪还有时间顾及自己和家人的需要呢？所以要记住，即使再忙也要分出一些时间给家人、朋友以及自己的兴趣爱好，这样生活才会更快乐、更有趣。

活在当下

每天下班前花几分钟时间整理一下自己的思绪，想清楚让你感到有压力、不

快乐的到底是什么，问问自己这些状况暂时有没有可能改变、得到解决，如果不能的话，还不如先放一放。学会活在当下，也就是更多地关注自己当前的感受和那些具体的事情。

合理安排自己的时间

尽量不要将工作带回家做，下班的路上可以花上几分钟做自己喜欢的事情，比如听听音乐、看看漫画书、散散步……这样也有助于缓解紧张情绪。每天花几分钟时间整理一下房间，整洁的居室环境会让人感到愉快和宁静。每周安排些时间用于休闲、运动、陪伴家人等等。

学习一些自我放松的技巧

比如闭上眼睛做几次深呼吸，抛开头脑中的一切杂念，把精神集中到呼吸上来。

轻轻地用鼻子吸气，感觉空气到达你的腹部，然后微微张开嘴，把空气慢慢吐出来，反复做5～10次。

也可以试着冥想，运用想象力和曾经的知觉经验来调节自己的身心。

改变自己内心的想法

工作中的很多压力其实来源于我们内心一些不合理的想法，适当地作些改变，压力自然就会减少许多。比如不要过于追求尽善尽美，不要总认为自己要对别人的问题负责，也不要过分在意别人的评价。另外，应客观地看待自己，调整一些可能存在的过高的、不切实际的愿望等等。

学会有效地交流

不把工作压力带回家，并不是说我们要把所有工作中不快乐的事藏在心里、独自承受，而是要学会有效地交流，恰当地表达自己内心的想法。

有效的交流首先需要和谐良好的氛围，要明白自己想要表达的是什么，还要给别人适当的空间和尊重，也要学会倾听。良好的沟通不但有助于增进亲情、友情，还可以缓解压力，放松心情。

爱你的家人

家人对我们每一个人来说都是最重要的人，家庭永远是我们人生旅途的中心，它越坚强、越健康，我们就越容易走入外面的世界，并找到自己的定位。所以，任何时候都不要忘记对家人的情感投入，学会用心去爱他们、珍惜他们，相信这些简单的幸福足以抵御任何外在的压力。

良方66：能工作，会生活

心理学大师弗洛伊德说过，成年人的幸福主要来自两个方面：工作和家庭。

工作让我们充实、有价值，让我们体会成就感并获得经济收入，而家庭是心灵的港湾，是享受亲情的地方，是我们放松和安然的所在。

然而，当我们不分昼夜努力工作、奋勇拼搏，想让自己和家人拥有更好的生活时，蓦然回首，我们是否也会有下面的发现和感受?

我在别人眼里很成功，但我觉得自己对工作付出了太多，对家庭亏欠很多。

我总是四处奔忙，没有时间留给家人和朋友。

压力太大了！终日辛劳，却很少能体会到工作带来的成就感，家人又不理解我，我觉得自己满腹委屈无处诉说。

我也想要工作家庭两不误，但怎么可能！竞争那么激烈，想停都停不下来。

……

每个人都想拥有平衡的生活，但是，在繁忙的现代社会中，工作常常占据了我们太多的时间，各种各样的问题困扰着我们，我们为了保持工作和生活的平衡而筋疲力尽，却仍旧不得要领。

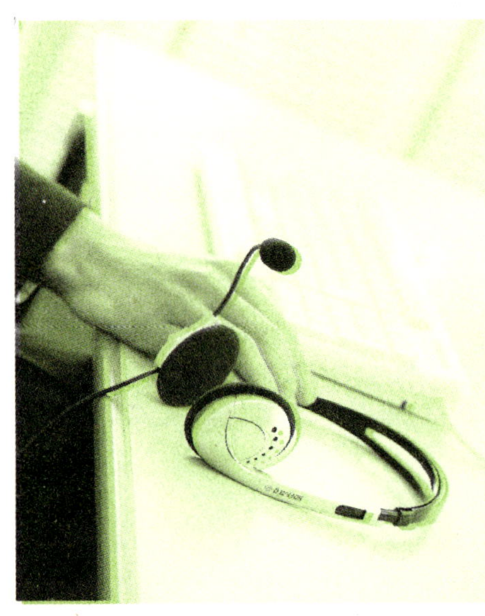

在今天这个疯狂发展的世界，找到工作和生活之间的平衡点不是一个简单的任务。在工作上花费太多的时间，就意味着你会错过提升个人生活质量的时机。反过来说，如果你面对着个人生活中的诸多挑战，例如为婚姻问题所困，那你将很难全身心地投入到工作中。无论你关注于工作的时间是过多还是过少，当你感觉到你的工作和私人生活不和谐了，就会带来压力。

以下这些方法可以帮助你达到工作和生活的平衡：

不要过多预订

对于人们来说，在一个工作日塞进尽可能多的工作是不正常的。关键是，事情的发展往往不是按照预先的安排进行的，这意味着大量的时间浪费在不能履行的约会、不会回复的电话以及其他不会发生的事情上。因此，不要尝试计划做太多的事情。

分清主次

高效利用时间的秘密是，清楚地知道哪些事情是重要的，哪些事情是可以暂缓的，但关键是把最锋利的刀刃用在发现事物的本质上。把所有事情都置于最高的优先级别只能耗尽你的精力。

管理时间

有计划地完成你的家务事，一次出行完成所有的跑腿任务，是你能够节省时间、获得更大乐趣的方法。同样，尝试制订一个包括重要日期的家庭日历、一个需要做的事情的每日清单，这会帮助你避免面临最后期限时的手忙脚乱。

学会说“不”

高效时间管理的一个最大的方面是，意识到你不必同意所有的事情、答应所有的人。以你自己的标准鉴别哪些事情是不值得你花费时间的。你应该学会在对一件事情说“不”的同时，对一些其他的事情保留说“是”的余地。

慢下来

生命过于短暂，所以不要让一些事情匆匆而过。停下脚步，享受你身边的事，感受你的家人。抛却一切，每周都有一个晚上尽情娱乐；每一天都要有自己的时间，可以看一部电视剧，或者听听音乐；每个周末都安排家务劳动，以此享受放松的自由。

没有必要总是追求完美

尽力做好就可以，不要因为纠缠于每一秒而过分劳累，并且在过程中浪费时间。生命中几乎没有什么事情必须要做到完美，做你能做的事情，并且享受过程，将会更有乐趣。

获得足够的睡眠

在睡眠不足的情况下工作，没有比这更沉重、更具危险性的了。这不仅会使你的工作效率受到影响，甚至会招致灾难性的错误。或许，到那时你需要更多的时间以弥补那些错误。

依靠你的支持系统

在压力沉重、艰难困苦的时候，与可信赖的朋友或家人进行交谈，是给自己的一份礼物。

第七章

也许你以前不懂什么是爱情，也许你以前对爱情的态度飘忽不定，但是今天，你必须对爱情猛然醒悟，不再迷失。就像枸杞一样，在混沌中仍能心如明镜，坚守自我。

枸杞炖银耳：
因为有爱，
所以美好

良方67：感情游戏玩不得

几乎所有的文学作品都无一例外地把爱情歌颂得至高无上，仿佛爱情就是超凡脱俗，就是不食人间烟火，多少痴男怨女为爱殉情，为爱死去活来；为了爱什么都不要，为了爱什么都不顾。这样的勇气固然可嘉，但行为实在不值得提倡。如果生命没有了，还要爱情做什么？纯洁、真挚、高尚的爱情固然值得我们孜孜以求，但人生在世，并不仅仅是为爱情而活，你还有父母兄弟，还有亲朋好友，更重要的是，你还有自己的理想，有自己的事业，你还要体现自己的人生价值。

所以，爱情不是生活的全部，不是世界的唯一。除了爱情，你还拥有很多，还有很多事情要做；没了爱情，生活还得继续。

“十年修得同船渡，百年修得共枕眠”，爱情来之不易，能够相守一生更是不易。在漫长的岁月中，爱情的激情也许会被生活的凡庸和琐碎所磨蚀，爱情的圣洁也许会被柴米油盐的气息和俗事所浸染，要想在平凡而繁琐的生活中维持爱情的甘甜，忠贞和专一是必不可少的。

忠贞和专一构成了负责任的爱情。爱情不是一味的风花雪月，而是在漫长而烦冗的岁月中互相扶持，共渡难关。如果没有忠贞的心灵、专一的意志，很难想象爱情会天长地久。古往今来所有可歌可泣的爱情故事，哪个不是在诉说着忠贞专一的艰难和感动？因为艰难所以可贵，因为感动所以讴歌。

可是，有多少人为了镜花水月的荣禄牺牲了曾经相誓长久的爱情？又有多少人在时间的侵蚀和琐事的蚕食下失去了和爱人心有灵犀的默契？或许，只有专一才能印证长久，只有忠贞才能见证永恒。既要“曾经拥有”，也要“天长地久”。

也许有的人会为了追求一时的新鲜和快乐而放纵自己的感情，但是要记住，游戏感情的人，最终会被爱情抛弃。

良方68：不要沦为爱情的奴隶

因为懂得爱情不是生活的全部，也不是世界的唯一，所以男人便不会沦为爱情的奴隶，不会在爱情的沼泽地迷失、沉沦，也不会因为爱情而放弃其他生命当中同样很重要的东西，比如尊严，比如自由。

为了爱而放弃自己的尊严，这样做值不值得？三十岁以前的男人也许不

会考虑这个问题，在突如其来的爱情面前，他们往往失去理智、失去自我，最终拜倒在女人的石榴裙下。随着年龄的增长、阅历的增加，男人开始重新思考这个问题，得出的结论是：不值得。理由有二：一是这个女人不爱他，因为真正爱一个人是不会剥夺他的尊严的；二是他不会爱这个女人，一个不懂得爱自己的男人，又怎么懂得去爱一个女人？

爱情在大多时候都是美好的、浪漫的、令人身心愉悦的，人生在世，除了追求事业的成功，找一个和自己两情相悦的人相伴一生也是人人追寻的目标。美好的爱情让人精神焕发，让人活力无限，让人激情四射，让人对生活充满信心。美好的爱情还可以促进事业成功，很多男人都是为了爱情、为了能让自己心爱的人过上幸福的生活而到外面闯荡打拼的。但是，爱情并不是以失去自尊为代价的，一个人无论何时，最重要的是抬起头来做人，企图以牺牲自己的尊严来换取爱情的做法是愚蠢而荒谬的，越是作践自己，越会被人看不起。

两个人在一起一定要尊重对方的个性和爱好，遇到事情多多沟通，多多谅解，千万不要以爱情的名义践踏对方的自尊。刚开始的时候，因为相爱，对方或许会容忍你的行为，但是不要以为对方从此就一直容忍下去。人的忍耐是有限度的，很多人在一忍再忍之后选择了逃离，选择了放弃。

在爱情里，我们不能为了所谓的爱而迷失了自己。爱情与自尊永远是对立统一的，爱情离不开自尊，自尊也离不开爱情。

良方69：学会对爱放手

爱情固然是美好的，而一旦造成伤害却也往往能触及人的内心及灵魂。许多人都相信缘分，尤其是在爱情方面。茫茫人海中，可以遇到一个跟自己毫无血缘关系的人，继而相知、相爱，最终结合在一起，这种缘分真的很奇妙。所以，爱情在我们的生命中才显得如此重要，而且永远是一个亘古不变的话题。但当两个人的缘分走到尽头，又有几个人可以潇洒地放手呢？

当一份情缘结束后，意味着对方的一切都已经与你无关，也许一开始你会觉得痛苦万分，毕竟一切都已成为习惯。面对分手，女人更多的是选择哭泣、疯狂购物，而男人则是借酒消愁、疯狂工作，这些都是正常的发泄，可以理解。但有些人却失去理智，失去常态，甚至失去尊严，试图为即将告终的爱情作最后无谓的挣扎，可过后想想这又何苦呢？还有一些人，分手之后心怀仇恨，默默诅咒对方，继而为失去爱情进行一连串的报复行为，这种人更是傻得可笑。要知道爱情不是占有，当一份感情变了，往往并不是一个人的问题，爱情是需要两个人的努力来维系的，为什么不好好地反省一下，使自己在下一次的恋爱当中不再犯同样的错误呢？爱情并没有好坏之分，只有合适与否，我们可以失去爱情，但不可以失去自尊。

爱情可以给我们带来快乐，可以在我们失落的时候给予慰藉。一个人的力量是有限的，两个相爱的人的力量是无穷的。一个人会孤独终老，而两个相爱的人在一起则会幸福到老，所以，我们需要爱情。但是我们也应该懂得，爱情不是一厢情愿，勉强得来的爱情是不会幸福的。当我们遇到一个让自己心动的人时，首先要做的就是抓住机会向对方表白。如果对方对你没有感觉，也不要马上放弃，一见钟情固然好，但那实在是少有的事，日久生情才更牢固。所以，你可以大胆地去追求，如果努力了对方仍然不喜欢你，那么就要放手了。如果继续沉沦下去，就会无法自拔，最终痛苦的将是自己。

学会对爱放手，你会发现，放弃其实也是一种美丽。

良方70：慎重考虑先成家还是先立业

中国有句古话叫做“三十而立”，可在当今这个竞争异常激烈的社会，男人要想实现“三十而立”并不是一件容易的事。许多男人的观点是：在事业建立之前是不会考虑结婚的。

中国男人是很要面子的，三十岁左右的男人尤甚，这个时期男人的自尊心非常强烈，他们不愿意在别人面前展现自己懦弱、无能、失败的一面，而希望把自己成功、强悍的一面展现在别人面前。“三十而立”，如果事业没有立起来，有什么颜面见自己的家人？如果没有事业的成功，又如何带给爱人幸福和快乐？

当今社会，男人所谓的“事业成功”是什么呢？不外乎房子、车子、票子，它们是男人事业成功的象征。于是一道严峻的选择题摆在了男人的面前：是先立业还是先成家呢？是先赚够了房子、车子、票子再结婚，还是先结婚，和自己的爱人一起为房子、车子、票子打拼？

按“成家立业”的字面顺序解释，显然应该是先成家后立业。然而社会发展到了今天，人们越来越不认同老祖宗留下来的传统观念了，更多的人倾向于先立业再成家，只要立不了业就不成家。

于是很多男人立下誓言，不功成名就决不谈婚论嫁。有的说要赚够多少多少钱，有的说要攻克多少多少个技术难关，有的说要写下多少多少部著作……他们为了让自己心爱的人过上幸福的生活，为了名誉、地位、财富，为了房子、车子、票子，一次又一次地让缘分与自己擦肩而过。

世界上最值得珍惜的莫过于爱情，房子没了可以再建，钱没了可以再赚，唯独心爱的人一旦失去将永远不会再回来。

不少男人会陷入这样一个误区：总以为婚姻是事业的绊脚石，爱情与事业不可能两全其美，其实他们错了。婚姻不但不是事业的绊脚石，反而是事业的动力。我们的努力是为了什么？不就是为了所爱的人吗？一个成功男人的背后必定有一个伟大的女人，当我们出去闯荡的时候，是谁在背后默默支持我们？当我们跌得头破血流的时候，是谁给我们擦拭伤口，鼓励我们？当我们走投无路的时候，是谁与我们相依为命，不离不弃？当有朝一日我们取得成绩的时候，谁与我们分享喜悦？没错，是爱我们的人。所以，如果你真的遇到了一个你喜欢的人就不要错过，该成家的时候就成家。一个人一辈子很不容易，生活的道路是艰难的，我们需要陪伴、需要安慰、需要鼓励、需要分享。虽然不一定能让所爱的人锦衣玉食，但足可以让她衣食无忧。有了爱人的支持，反而会促进事业的发展。

先成家还是先立业其实并不重要，重要的是你是否已经找到了你生命中的另一半。

良方71：婚姻是爱情的升华

男人不选择婚姻还有一个重要的原因，那就是他们认为婚姻是爱情的坟墓，婚姻会令他们失去很多东西。这一点与女人没有多少区别，但女人对爱情的终极目标始终是婚姻；男人则不同，在他厌倦之前，他更需要自由和事业，之后才需要婚姻。

随着社会的进步和人们生活水平的提高，现代人对精神生活的追求也越来越高，婚姻作为精神生活的一部分已成为现代人最为关心的一个话题。以前一纸婚书就把两个人的一辈子紧紧拴在了一起，而现在的夫妻更关注两个人是否心灵相通，生活是够和谐，如果同床异梦随时都可能散伙。很多人对婚姻抱有很大的希望，可是希望越大失望也就越大，无奈之下很多人开始对婚姻绝望，开始叹息婚姻是爱情的坟墓，有的人要离婚，有的人婚前恐惧，有的人干脆做一个“不婚族”。

有的男人会得婚前恐惧症，在结婚的当天逃婚的事情也时有发生，他们有自己的理由：一切还没有准备好，怎么能说结婚就结婚呢？然而，男人可以等，女人则不可以等，于是曾经美好的爱情也因此而破裂。

钱锺书把婚姻比做围城，男人通常把自己和婚姻的关系比做鱼和网——进去容易，出来就难了，即使能出来，十有八九也会撞得遍体鳞伤。男人对婚姻最大的恐惧是害怕失去自由。

婚姻不是爱情的坟墓，那些不幸婚姻的根本原因在于夫妻双方，而不在于婚姻本身。爱情是美好的，也是奇妙的，它是男女之间由相互爱慕而产生的深厚感情，它会使男女双方精神焕发。当爱情发展到一定程度时，男女双方很自然地要步入婚姻的殿堂，婚姻当中的男女应努力使婚姻成为爱情的升华，而不是成为爱情的坟墓。

良方72：婚姻是两个家庭的事

与躲避婚姻的男人不同，另外一些男人在种种压力之下选择“闪婚”，因为在他们看来，到了适婚年龄还不结婚的话，就会被视为不正常或者能力不行。这种男人心虚得很，企图以婚姻的形式来掩盖他的无能，结果往往适得其反，组合在一起的家庭很快就解体了。当然也有为爱而结婚的，他们找到了自己的真爱，以为只要自己喜欢就万事大吉了，于是草草结婚，结果问题一大堆、矛盾一连串，最后不欢而散、劳燕分飞。

以上两种悲剧共同的原因就是把爱情当做了婚姻，而现实却告诉我们：恋爱是两个人的事，而婚姻却是两个家庭的事。

年轻气盛的时候，我们把一切都交给爱情，以为什么都没有两个人相爱重要。自然两个人要在一起的话别人是无法干涉的。可是，作为社会的一分子，作为家庭的一员，我们同时要为别人考虑，恋爱的时候我们是自由的，结婚的时候却无法做到随心所欲。

都说造化弄人，选择了什么样的婚姻同时也就选择了什么样的命运。且不说这话偏激与否，单从社会层面来说，一生中有些人是我们无法选择回避的，有些事是我们无法选择不去经历的；在什么时候、什么地方爱上什么样的人往往是由不得我们做主的，在什么时候、什么地方离开一个什么样的人也是我们无法预料的。

两个相爱的人从相识、相爱到结婚本来是一件很美满的事情，你情我愿，恩恩爱爱，但是很多时候却遭遇家庭的反对。父母可能会因双方家庭地位、家庭环境的差异以及对方长相的好坏、财富的多少而给子女的爱情添加一道枷锁，这会让子女万般无奈：一方面不想为此而违背自己真正的意愿，放弃自己的真爱；一方面又无法为了爱情而违背自己的父母。这看似是一对永远无法调和的矛盾：要爱人还是要父母？爱人与父母合得来自然是皆大欢喜，但如果双方合不来怎么办呢？是不是就束手无策了？是不是就得放弃其中一方？

男人其实可以理智地解决这个问题，我们应该明白；最终和自己在一起生活的还是自己的爱人，在爱情与婚姻面前最不应该的就是盲目地听从父母的安排和指挥，那只会丢掉自己的幸福，毕竟结婚的是自己。但是，父母的意见也不能完全不顾，为了爱情而做一个逆子也得不偿失。其实我们可以站在别人的角度来想一想，父母反对或者阻止我们的婚姻到底是为了什么呢？结果很显然，每一位父母的答案几乎都是相同的：都是出于一片好心，希望子女生活得幸福。

对错都是为了爱，如果懂得这一点那问题就好解决了，可以静下心来和父母谈一谈，既然他们都是为了你好，那就把你选择的理由耐心地告诉他们，相信他们会通情达理的。最怕父母根本不知道你的想法，他们只以自己的眼光来看待你的爱人，他们认为不合适，于是就加以阻挠。做儿女的如果不能很好地和父母沟通，那么幸福的婚姻很有可能会被毁掉。

当你真正懂得婚姻是两个家庭的事的时候，你就会明白，父母其实不是反对你的婚姻，而是反对你没有及时地把自己的想法告诉他们，反对你眼中没有他们，反对你对他们的意见置若罔闻。

良方73：给彼此一个自由空间

处于热恋中的男女或者刚刚结婚的小夫妻常常有一种感觉，就是恨不得一天24个小时分分秒秒都在一起，一日不见如隔三秋，茶饭不思，夜不能寐。然而，依恋不是依赖，不要24小时都围着一个人转，给对方也给自己留点私人空间。

热恋中的男女在炽热的情感下往往会靠得太近，忘记了“距离产生美”的重要性，一旦失去距离，很多美感也会随之消失。人们往往习惯于用“亲密无间”来形容恋人的最佳状态，其实完全亲密无间的恋人是不存在的，即使感情再好的恋人也难免会产生矛盾。在处理恋人关系时刻意追求亲密无间，往往会适得其反，弄巧成拙。

要给对方留一些空间，尊重对方的隐私。夫妻关系是一种特殊的关系，其特殊之处就在于多亲密而少隐私。然而，少隐私并不等于无隐私，在生活中，夫妻双方都有自己的人生经历和情感历程，有各自的朋友圈、各自的兴趣爱好，所以要留给对方适当的空间。有时也要学会睁一只眼闭一只眼，对一些小事不必过于计较，彼此之间要表现出大度、信任和尊重，这也是爱对方的一种表现。

古人有一句话叫做“两情若是久长时，又岂在朝朝暮暮”，两个真正相爱的人并不会因为时空的变幻而彼此陌生，能在一起固然好，不能天天在一起也无妨，只要两个人心意相通就好。很多恋人在相处的时候都会走入一个误区，他们只追求绝对的时间和空间，殊不知两个人在一起并不代表两颗心也在一起。两颗心不在一起，即使两个人在一起又有什么意义？相反，两个人处于短暂的分别之中，心里却思念着对方，这样的感觉不是更好吗？俗话说得好，“小别胜新婚”，两个人长久地在一起渐渐觉得平淡乏味，适当地分开一下，再相逢时就会觉得对方比以前更重要了。

爱情不是生活的全部，不是世界的唯一，你还有其他的事情要做。整天围着一个人转，你不一定会得到爱情，反而会失去更多，比如友情，比如亲情，比如事业。

如果你分分秒秒围着爱人转，势必没有时间维护与朋友之间的情谊。朋友约你出去你推辞，次数多了，朋友必然会对你心存不满，渐渐地，他们也会把你忘记，很多友情就是这样在不知不觉中变淡的。

如果你分分秒秒围着爱人转，势必没有心思和时间去看望父母和兄弟姐妹，甚至过年过节都为了能和情人单独一聚而置亲人的期待与思念于不顾，原本属于你的天伦之乐一天天减少，总有一天会追悔莫及。

如果你分分秒秒围着爱人转，势必没有心思和时间花在你的工作上，这是很危险的，一个只有爱情的人并不会幸福，或者说他的幸福不会长久。爱情无法用爱情本身来维护，一个没有事业、无法独立的人也就无法和他人平等地交流，即使是你的爱人。你若处于被动，日子一长彼此就会变得陌生，最终导致分手。

良方74：婚姻的最高境界：相看两不厌

在现代人的围城生活中，什么才是婚姻的最高境界？人们对这个问题的看法各有千秋。

有些人追求轰轰烈烈的爱情，连婚姻生活也渴望激情澎湃、活力十足。在恋爱的过程中也许可以每件事都力求完美，但在婚姻的漫长岁月里却并不是处处都会精彩纷呈，永远也做不完的家常琐事倒是强烈地反衬出他们不切实际的浪漫空想主义。

有些人期盼一蹴而就的婚姻，成家立业的原因不明确，一则不想自己的生活不靠谱；二则是为了随大流，别人结婚自己也不落后而已。然而一旦组织了自己的小家庭，男人心中便后悔失去了自由，对女人的所有体贴温存全部一扫而空，他们在婚姻生活里扮演着自由散漫、不像一家之主的荒谬角色。

有些人对待婚姻给人的感觉就像马拉松赛跑的后劲不足、越到后期越气馁一样。刚开始在追

求心仪的恋人时热火朝天，似乎有点坚持不懈的意味，可没跑两圈便气喘吁吁有些心灰意冷了。他们在变质的爱情长跑中过着行尸走肉的婚姻生活，男女双方看见了彼此相处中都不可容忍的缺点，才发现曾经令自己倾慕不已的对方原来并不是那么完美无瑕。

有些人崇尚大男人主义和卑微小女子关系的婚姻，他们所享受的就是每天吃完晚饭后闷头看报以及每晚临睡前让妻子为之沐足的乐趣，而他们的妻子也就自然地获得了一个“贤妻良母”的美称。

如果拿不同人的婚姻生活去沉淀，解析出一个最完美的中国婚姻的模式，多半不会成功。因为每个人的生活态度和人生观不一样，对待婚姻的要求和品味也就有着天壤之别。两个人在一起生活，有酸甜苦辣，有喜怒哀乐，这种种滋味都需要两个人一起去调制。婚姻的最高境界就在于：相看两不厌。

生活中的两个人就像是时时刻刻在照着镜子，镜子外的他或她看见镜子中的她或他，或妩媚迷人，或潇洒伟岸。日复一日，年复一年，等到两人都已老态龙钟时，仍满脸幸福地挽着对方的手，心中涌上无限爱意。这种相看两不厌的境界，如果没有千锤百炼的功底，怕是难以抵达吧。

良方75：缘分需要用心来呵护

因为有缘，两个相爱的人走到了一起，结婚后，是不是意味着就可以不用再对缘分进行悉心呵护了呢？不是的，无论什么时候，缘分都需要用心去呵护。

因为有缘相伴，我们感情的星空里才有了永结同心的许诺，才有了比翼双飞的浪漫；也因为缘的起灭，才繁衍出人际间的悲欢离合，丰富了我们多彩的人生。人生何处不相逢，相逢即是缘。人生在世，随缘而安，缘来不拒，缘去不惊。珍惜缘分，就是珍惜人情的美好，与人和谐相处，广结善缘，共同收获人情的美好。

结了婚并不意味着缘分的终结，婚姻是缘分的再续。谈恋爱的时候两个人是独立的，结婚后两个人仍应是独立的。婚姻不是占有，不是用来要求对方的借口。过分地要求对方、牵制对方，会使你的个性丧失，会使生活中的冲突不断，会使对方身心俱疲。若即若离，不愠不火，既有整体的共性又不失个体的特质，才能彼此吸引。爱情让我们步入婚姻的殿堂，婚姻给予爱情生长的环境，应及时地将浪漫激情的梦幻转化为安稳的生活，把在新鲜和刺激中寻求爱情的想法转化为在平平淡淡的生活中慢慢地体味爱情，如此才能细水长流。

爱情需要互相理解、信任，需要彼此付出真心。不要吝啬对你的爱人表达爱意，我们不需要什么轰轰烈烈的生死与共，不需要什么海誓山盟天长地久，我们需要的是相濡以沫，需要的是执子之手与子偕老。

婚姻是需要经营的，如果你怠慢了它，那么它很有可能会变成爱情坟墓。一些男人在婚前对自己的女友百般爱护，婚后却判若两人，很多人家庭不美满的源头就是对方婚前婚后两种截然不同的表现。结了婚以后，我们更需要好好呵护自己的爱情，使爱情从平庸琐事中解放出来，从生活细节中寻找浪漫、制造浪漫。一句生日的祝福，一顿意外的烛光晚餐，一次精心安排的旅行，甚至一个故意制造的小麻烦都会使爱情升温。

都说相爱容易相处难，只要用心去呵护那份缘，你的生活将会幸福无边。

◆ 良方76：你的她永远是美丽的

当相爱的两个人携手步入婚姻的殿堂后，曾经浪漫的女孩儿变成了妻子，要为每一件琐碎的事情奔波，既要出得厅堂，又要下得厨房，还要相夫教子。于是，天长日久，许多男人开始埋怨自己的妻子太婆婆妈妈了。他们发觉，婚姻根本不像自己想象的那么美好，结婚前他们看到的全是对方的好，而结婚后却发现原来对方有这么多的毛病。他们往往是拿着放大镜去看对方的缺点，而对方的好早已被抛到了九霄云外，于是他们觉得委屈、失望、无奈：自己怎么就和这样的女人结了婚？！其实所有的问题都可以归结为一点，那就是婚后他们不懂得欣赏对方了。

婚后男女经常会遇到一个问题，那就是恋爱的时候彼此只看到了对方的优

点，一心一意欣赏这些优点；而婚后只看到了彼此的缺点，已经不懂得或者忘记欣赏对方的优点了，于是只好劳燕分飞。

身为男人，我们是否想过，妻子忙于琐碎的事务究竟是为了什么呢？还不是为了共同的家？她们所接触到的大都是细节的东西：孩子的衣服是不是该换了，晚上要做什么饭，什么时候该交水电费了，哪个超市搞促销了多买些日常用品等等。如果没有这些细节，家也就不能称之为家了。扪心自问，如果没有妻子张罗这些，你可以应付得来吗？很多男人抱怨自己的妻子不如以前美丽浪漫，其实是他们不理解妻子的良苦用心，不懂得欣赏妻子。一个称职的优秀的丈夫任何时候都要学会欣赏自己的妻子，对妻子的每一个动人之处都能给予贴心的赞美。

相互欣赏是男女相爱的前提，不懂得欣赏，就不会对对方产生好感，更不会爱上对方。彼此欣赏不仅是爱情发生的源泉，也是维系爱情、增进情趣、制造和谐氛围的有效因素。始终坚持欣赏对方的优点，生活中的不愉快就很容易解决，彼此的缺点也会被优点所包容。

欣赏对方，对方才会欣赏你。欣赏是一种更高层次的爱，狭隘的爱是以占有为目的的，而欣赏已不在乎是否能够占有。欣赏对方就是对对方的尊重、理解和爱，同时也是自身一种深厚的修养和迷人的气质。若对对方的优点熟视无睹，甚至加以指责，那么你在对方的眼中也会一无是处。

在婚姻生活中更需要彼此间的欣赏，这样的婚姻才能美满。欣赏不仅意味着要看到对方的优点，还要包容对方的不足。在朝夕相处的生活中，无论是优点还是缺点都尽显无遗，如果不能欣赏和理解，就容易产生分歧，让相爱的两个人对爱情产生怀疑，对婚姻造成不利影响。

只有学会欣赏，才能看到世界的另一半，才能拥有一个完整的世界。只有学会欣赏，才能淡然地面对一切得失，才能在平淡的生活中体会到爱的浪漫和永恒。

良方77：寻找家庭与事业的平衡点

男人肩上有两大重任：事业和家庭，并一生都在为此而忙碌着。事业是男人的天空，家庭是男人的大地。男人是飞在天空的风筝，家庭是情系风筝的绳索。

对于男人来说，家庭与事业并重；对于成功男人来说，事业与家庭都不可缺少。没有事业或不热衷于工作的男人，总会在某个时刻感到空虚；没有家庭或不热爱家庭的男人，总会在某个时刻感到无助。

聪明的男人一面忙着事业的发展，一面享受着家庭生活的温馨。男人没有事业，思想与精力就没有寄托之处；男人没有家庭，心灵就会无家可归，天伦之乐更是无从谈起。有事业没家庭的男人是可悲的，事业辉煌之际却没有家人一同分享，即使站在事业的巅峰，眼睛也会掠过一丝失落。有家庭没事业的男人是可怜的，没有事业的男人心理变化非常强烈，他们小心翼翼地守护着自我尊严，使其免受伤害；还要时时刻刻提防，避免别人不小心触碰到，他们的失落不是家庭能补偿的，他们的快乐只是表面的。没有事业，家庭生活的幸福感也会打折扣。

男人为什么要为事业奋斗一生？年轻时可以说是为了理想，当有了一定的岁月积淀之后就会知道，除了理想之外，家庭是你勇往直前的动力。

只顾事业不顾家庭的男人也不能算成功，事业与家庭都是男人人生中最宝贵的财富，没有家庭，即使财产万千又如何?

事业是为了创造财富，财富是为了保障家庭生活。家庭是男人的动力，事业是家庭生活的基础。我们在为事业奋斗的时候，要学会从繁忙中“偷得浮生半日闲”，多多关爱自己的家人。如此，便可在“鱼”与“熊掌”之间搭起一座可以相互穿越的桥梁。

第八章

山药没有华丽的外表，没有甜腻的口感，只是那么淡淡的、绵绵的，却足以锦上添花。谁又能说，这种淡淡的态度不是一种大境界呢？

山药大米粥：生活中的大境界

良方78：不以物喜，不以己悲

“先天下之忧而忧，后天下之乐而乐”，这是范仲淹崇尚的人生情操，也是一种人生境界，而他的“不以物喜，不以己悲”则更成了为生活打拼的人们的座右铭。人们经常用这句话来激励自己，使自己时时刻刻保持清醒的头脑和昂扬的斗志，不自卑不骄傲。其实，说起来容易做起来难，要真正做到不以物喜、不以己悲，不仅仅需要智慧，更需要人生的修炼。

一个人如果自私自利、心胸狭隘，处处以自己的得失为出发点，整天唉声叹气愁眉不展，觉得世界上的人都对不起他，世界上的事都跟他过不去，感叹人生之艰难、世事之不易，那么就很难达到不以物喜、不以己悲的人生境界。

“不以物喜”能使人头脑清醒，“不以己悲”则让人斗志昂扬。人生如果真的能达到如此境界，那才真是活得既豁达又聪明。生活中，我们要以平常心看待周围的人和事物，这种超然淡泊也是一种人生境界。

面对竞争日益激烈的今天，每个人或多或少都会受到社会的熏陶和影响，人的功利色彩也越来越浓，社会上争名夺利、钩心斗角的事情在不断上演着。其实，我们应该以平常心态对待生活中的得与失，学会以不以物喜、不以己悲的心态来看待身边的事物，这样便可以免去许多烦恼。不再执著于生活琐事，也不再执著于一些本不该属于自己的东西，而当我们真正放开的时候，会觉得一切都豁然开朗了，整个世界也变得美好了。

面对生活中的点点滴滴，我们要以平常心对待，一切随遇而安，不强求，要知道有些事情是可遇而不可求的，我们又何必强求呢？

或许，有的时候是我们自己把自己困在了一个小小的牢笼里，以至于挣脱不开，也摆脱不了世俗的诱惑。为了冲破牢笼的禁锢，在工作的时候要做到全身心地投入，而在休闲的时候不把工作带入生活中，下班之后尽量让自己过得更休闲更舒适，如此才是正确的工作和生活态度。

生活中也许有太多的无可奈何，我们无法去改变它们，可是我们却能换一种方式来改变现状，那就是改变我们自己。我们可以改变自己来适应生活，我们可以改变自己的生活态度、改变自己的生活方式。我们应该以平常心对待生活，坐看花开花落，仰望云卷云舒。

良方79：保持一颗恬淡的平常心

人们常说得而不喜、失而不忧，讲的就是人要有平常心。人生充满了酸甜苦辣、聚散离合，不是处处、事事、时时都能达到完美，唯有平常心、平常态才是人活世间的至高境界。平常心是清静心、光明心，是超脱名利、走向心灵解放的自由之路。

平常心，实不平常。以善为善则是大善，将心比心皆是真心。平常心是一种生活的态度，平平淡淡才是真。生活中，能够寻找到满足感的人，不管他富有还是贫穷，都是成功的。一个人无论在顺境还是逆境中，如果懂得适时调整自己的心态，尊重生活中那份与生俱来的平淡，那么就会收获生活赋予他的恬淡与喜悦。

不要自命清高地去鄙视日常生活，而应以平常心态来重新审视这个世界，

这样便可以在自己的内心拥有一片灿烂的天地。多一些满足，少一些抱怨；多一些宽容，少一些计较；多一些快乐，少一些烦恼。把自己变成一个简单纯粹的人，过简单纯粹的生活。

世俗生活中的人，往往有了名望、地位和金钱后便失去了自我，轻一些的是有些骄傲，重一些的便盛气凌人，把谁都不放在眼里；还有一些人甚至做出损害他人的事情，却丝毫不知悔过。这是只因他们缺少了平常心，被利益蒙蔽了眼睛。在荣誉和利益面前要以平常心视之。荣誉要让，利益要让，谦让才为高尚，力争必乱了方寸。有失便有得，不失则不得。

也许这世界上还有很多不如意，但是只要人与人之间能够善意对待，赠人以微笑，顺其自然安身立命，那么生活就会变得相对轻松起来，即使遇到困难，也会领略到人生的很多美好。

以平常心观不平常事，则事事平常。平常心不是看破红尘、不求进取，更不是消极遁世，而是一种境界，一种积极的生活态度。在得失、成败、胜负面前，平常心不可无、不可变，更不可丢。

平常心贵在平常，波澜不惊，生死不畏；利不能诱，邪不可干；心能昭日月，上不负天，下无愧人。有诗云：“春有百花秋有月，夏有凉风冬有雪。若无闲事挂心头，便是人间好时节。”怀有一颗平常心，你看到的将会是最美的风景。

良方80：知足常乐

生活在这个纷繁复杂的世界里，对物质和情感的追求使得我们马不停蹄地向前再向前，也许我们现在没有漂亮的大房子，但并不代表将来不会有；也许我们现在没有车子，但挤公交是响应低碳生活且又环保；也许我们现在没有多少存款，但照样可以吃得饱穿得暖，和大家一样享受着阳光的照耀、雨露的滋润，还有什么不满足的呢？

一本书上说，我们不缺乏生活当中的必需品，缺的是奢侈品。可也正是因为这些奢侈品，使得我们变成了生活的奴隶，变成了不会享受生活只会让自己更加拼命的赚钱机器，心都是冰的、硬的了，还有什么生活乐趣可言呢？何况人的欲望是无止境的，正所谓“欲壑难填”，而欲望也为罪恶打开了方便之门。

知足，是一种生活的态度，它小半出于无奈，大半则源于内在精神世界的充实丰富。要知道，知足或不知足都不是生活的目的，人生的目的应该是寻求现有生活中的快乐。知足若能常乐，则不妨知足。

每每谈起知足，人们总认为那是惰性的流露，其实不然。人生常常是无奈的，有时候会被迫置身于极不情愿的生活境遇中，甚至会落到万念俱灰的地步，但是一旦想到自己起码还拥有一个可爱的人生，脸上便又会挂上知足的微笑。

还有一种知足，既不是惰性的流露，也不是对世事变幻的无奈，而是由于人生很圆满，做到了自己想做的事，也实现了梦寐以求的心愿，最后悟透了人生的真谛原来就是恬淡地生活于常态之中，不过分追求其他。

我们应时常告诫自己懂得知足，不要去强求什么，虽然失去过很多，但我们现在是富足的，因此不必后悔错过了什么。那些从我们身旁溜走的机遇，只当是为了自己的目地而放弃；那些为我们驻足而又匆匆走过的人，就当他们是昙花一现的美丽。把生命中经历过的每一次际遇都锁进时光隧道，珍藏为一份永久的记忆。

中国有句古话叫做“知足者常乐”，这句话经过了千百年无数次的验证，可谓字字珠玑。所以，咱作为小老百姓，还是知足些好啊！

良方81：让情绪收放自如

作为男人，肩上的压力是不可避免的。古时候的男人要刀耕火种，征战沙场，养家糊口；随着妇女对自身权利的追求，现代男人虽然不用独自支撑整个家庭的经济收入，但压力却是有增无减。现代社会赋予了男人更多的使命，而衡量一个男人是否优秀、是否成功的标准，基本上就是他的事业。

随着社会的进步，消费品的日益增加一方面极大地满足了人在物质方面的需求，另一方面也给人带来更大的压力。买房买车、子女的教育投入、生活质量的改善等都是经济压力的重要组成，男人理所当然地成了承担这一切的主要力量。面对巨大的社会压力，男人难免会产生难以化解的不良情绪。

有的人能够做到使情绪收放自如，对于他们来说，情绪不仅仅是一种感情上的表达，而且成了攻防中使用的武器。有些人常常掌控不住情绪，不管三七二十一地发泄一通，结果使场面陷入难堪，事情一败涂地；但有些人既能把情绪激发起来，一鼓作气完成艰难的任务，又能临危不惧，冷静地把事情处理妥当。聪明人的聪明之处在于，他们有着将不良情绪马上收回来的本事。情绪处理得好，可以将阻力化为助力，帮助人们解除危机；若处理得不好，便容易失去控制，产生一些非理性的言行举止，轻则误事受挫，重则大祸临头。

你常常为手头的工作心烦吗？如果点了菜没有马上端上来、乘坐的飞机误了点、路上堵车，你会发火吗？你是否有很强的好胜心，甚至跟孩子玩输了都会急吗？你总觉着时间紧迫，经常处在紧张之中，压不住火气，容易和别人发生冲突吗？如果你的答案是肯定的，那么你有必要好好学习一下该如何控制自己的情绪。

转移思路

当扫兴、生气、苦闷和悲哀的事情临头时，可暂时回避一下，努力把不快的思路转移到高兴的思路上去，例如：换一个房间、换一个聊天对象、去串门会一个朋友或有意上街去逛逛等。在对待既烦心却又无关紧要的琐事时，难得糊涂是改善心情再恰当不过的好办法。

向人倾诉

心情不快却闷着不说于身体无益，有了苦闷应学会向人倾诉。可以向朋友倾诉，而这就需要先学会广交朋友。如果经常防范着别人的“侵害”而不交朋友，也就无愉快可谈。男人如果没有朋友，不仅遇到难事无人相助，也无法找到可一吐为快的对象。能把心中的苦闷和盘倒给知心的朋友并能得到安慰和建议，心情自然会变得舒畅。

亲近宠物

有意饲养猫、狗、鸟、鱼等小动物及有意栽植花、草、果、菜等，可以起到排遣烦恼的作用。遇到不如意的事时，主动与小动物亲近，可使不平静的心很快平静下来。摘摘枯黄的花叶、浇浇菜园或坐在藤椅上品尝亲手种的水果都可有效地调整不良情绪。

爱好执著

人无爱好则生活单调，且与那些有着一两种令人羡慕的爱好的人相比，心中往往平添几分嫉妒与焦躁。收藏、运动、钓鱼、跳舞、画画等都能使业余生活丰富多彩。当心情不快时，可全身心投入到自己的爱好之中。

多舍少求

俗话说“知足者常乐”，老是抱怨自己吃亏的人，的确很难愉快起来。多奉献少索取的人，总是心胸坦荡，笑口常开。

良方82：懂得取舍

人生就是一个不断作出选择、不断作出取舍的过程。衣食住行、交友择偶、升学就业、理财炒股等都需要我们理性对待，慎重选择。人生中的一些重大选择有时会让我们惊惶失措，有时会让我们踟蹰彷徨，有时让我们左右为难。“鱼，我所欲也；熊掌，亦我所欲也。二者不可得兼。”在鱼和熊掌之间，我们该如何取舍?

等过公交车的人可能遇到过这样的情景：终于等到了车，可车上座位有限，于是有的人选择上车站着，有的人则选择继续等待。等待的人等来的可能是一辆空车，也有可能是一辆更拥挤的车。

等过公交车的人也可能遇到过这样的情景：终于等到了车，可车几乎满载，于是拼命般挤上了车，当终于觅得立锥之地心里刚刚有一丝窃喜，并为没有挤上车的人感到那么一丝惋惜时，却看到后面又来了一辆空车。

等过公交车的人还可能遇到过这样的情景：眼见着车要启动驶出站台时，便努力地朝司机挥手，急切地希望司机可以看到自己的可怜并试图获得司机的同情，当司机终于发现自己时，那种欣喜和满足简直无法言语。可是刚上了车，却从镜子中看到另一辆车正准备靠站，而此刻这辆车也已经启动，无法下车。

行走在路上，看似简单重复的等车却包含了等待、选择、取得以及舍弃的智慧。当有期待时，我们便有了焦灼；当有机会时，我们便有了冲动；当有压力时，我们便有了舍弃。可是当我们最终被迫决定舍弃时，内心却常常没有舍弃的决绝。在取舍之间，现实永远没有文字这样轻松，生活也永远不会如思维般飘逸。人世沉浮，难免让我们浮躁；资源稀缺，又让我们偏执。“上车与不上车”的纠结常常让我们眉头紧皱、心情郁结，而作出选择之后的我们却好像更加纠结——取有取的忐忑，舍又有舍的不甘。于是取舍之间，我们迷茫了，疑惑了，痛苦了。

人生中的取舍其实比等车中的选择要玄妙得多，也复杂得多，但人生中的取舍和等车中的选择一样，不容假设，选择了就是选择了，没有如果，不可还原。所以如果选择上车，那么就该尽情享受上车后的安心；如果选择继续等待，那么就静心享受那等待中的希望和遐想。人生前行，必然取舍，取舍让未知的命运变得生动，让生动的命运充满机遇。所以，当行走于取舍之间时，如果能够豪气地面对、淡然地选择，生活可能就会少一点纠结，多一丝畅通。

良方83：攀比习气要不得

在现实生活中，每一个人都有自己的特点，也都有着不同的分工，大家扮演着不同的角色，做着不同的事情，生活自然也就不同。你有的东西别人未必有，别人有的你也可能没有，我们都生活在自己的生活中，享受着自己的那一份独特的快乐，没有必要羡慕别人什么。

生活中总有很多人为不同的事情而烦恼，他们抱怨自己的收入比别人少，抱怨自己的房子比别人小，甚至抱怨自己的家境和出身。然而他们不知道，别人也在羡慕他们拥有逍遥自在的生活，羡慕他们拥有温馨和睦的家庭。攀比往往让我们徒增烦恼，不管怎样努力，我们都不可能活在别人的生活中，所以，最好的办法就是正视现实，做好自己，让自己的生活更有滋味、更完美。

盲目攀比只会徒增追逐的劳累。很多人都有这样的想法：别人有名车宝马接送，为什么我不能拥有？别人可以觥筹交错、众星捧月，我不能风光无限吗？别人可以享受别墅豪宅，我就不能有更大的天地吗？于是，他们更加努力地赚钱，为了房子、车子、面子马不停蹄地工作，直到头发白了、皱纹深了，钱是多了，但心却一直是劳累的，又有何快乐可言？须知盲目攀比并不等于竞争和进取。

也许你不差钱，只是钱多钱少的问题。当然，家家都有一本难念的经，每个人都有一本难算的账，很多人都会嫌自己钱少，很少会有人觉得自己生活得比别人好，攀比的心理会让人们错过许多享受美好生活的时光。也许你会很自信地说："有朝一日我会过得很快乐！"有朝一日，自己和某某一样升上高位，有足够的钱购买所有想要的，可是多高的职位才称得上"高"？多少钱才算得上"足够"？"某某"又是怎样的定位？因为攀比，"有朝一日"永远都不会到来。

比较是人们思考和研究问题时最常用的一种方法。有比较才有鉴别，才能分出正确与错误、胜利与失败、先进与落后、美与丑、好与坏。但是，科学的方法也有被滥用的时候，盲目地攀比就是一种极其有害的思维习惯。生活在攀比中，我们常常会迷失了自己，让本有的幸福与自己擦肩而过。只有安心享受自己的生活，才能体味到生活的乐趣，少一点攀比，就能多一点舒坦。

良方84：活在当下没烦恼

有这样一句话："人的一生最重要的不是期望模糊的未来，而是重视清楚的现在。"许多人都觉得这句话难以实行，他们认为，为了明天的生活有保障，为了家人，为了朋友，为了将来出人头地，必须作好准备。我们当然应该为明天制订计划，可是却完全没有必要因为一味担心模糊的未来而失去当下的快乐。乐观和悲观的区别在于，乐观的思考态度让你活在当下，走向明天；而悲观的态度则让你一直停留在沮丧的昨天。

太多的人总是生活在下一个时刻。我们总是焦急地等待着节假日的来

临，好和家人一起出游；总是盼望着结婚生子，等待孩子快快长大，好减轻自己的负担；后来，孩子长大了，我们又恨不得赶快退休；当我们真的老了、退休了时，又时刻担心生命会在下一分钟结束。此时我们才恍然大悟时不我待。我们总是忙不迭地过日子，一刻也不停地忙碌。我们总是透支生活中的烦恼，不是为昨天的逝去而懊恼，就是为明天的到来而担忧，根本没有时间去享受当下生活的轻松与惬意。

什么叫做“当下”？简单地说，“当下”指的就是我们现在正在做的事、待的地方、周围一起工作和生活的人。“活在当下”就是要我们把关注的焦点集中在这些人、事和物上面，全心全意地去接纳、品味和体验这一切。

活在当下，就是享受你正在做的，而不是正要做的。必须摆脱对昨天的迷恋和对明天的幻想，不要让它们剥夺了我们此刻的生活。不要一边吃饭一边想着办公室的工作，也不要一边工作一边担心下班会不会塞车。在当下，有很多值得我们体味的美好事情。我们可以为每一天的日出欣喜不已，我们可以与家人、朋友分享相处时的甜蜜，我们可以在工作之余冲上一杯咖啡，我们可以骑上单车呼朋唤友去郊游……

只为今天，我们要让自己适应一切，并以这种态度来接受我们的家庭、事业和运气，而不再去试着调整一切来适应自己的欲望。

只为今天，我们要爱护自己的身体。加强锻炼，自我照顾，自我珍惜，使它成为我们争取成功的基础与条件。

只为今天，我们要学一些有用的东西，不再做一个胡思乱想的人。

只为今天，我们要试着只考虑怎么度过今天，而不把一生的问题都一次解决。

只为今天，我们心中毫无恐惧……

良方85：淡看人间荣与辱

谈到做官，很容易让人联想到名利得失。但仔细想来，古往今来那些有口皆碑的为官者都能把个人得失看得很淡，不太在意个人的荣誉名利。

在荣辱问题上，为官者如能做到“难得糊涂”、“去留无意”，这才叫潇洒。当一个人凭自己的努力和实干，靠自己的聪明才智获得了应得的荣誉、奖赏和众人的夸赞时，应该保持清醒的头脑，切莫自觉高人一等。荣辱不过是一时的东西，不必太在意。荣誉只能说明过去，不值得夸耀，更不足以留恋。

生活中往往有一种人，他们肯于辛勤耕耘，但往往经不起鲜花和掌声的诱惑，一旦有了一点荣誉和地位便沾沾自喜、飘飘欲仙，甚至以此为资本争权夺利，不能

自己。更有一些人，“一人得道，鸡犬升天”，居官自傲，横行乡里。这些人就是被名誉、地位冲昏了头脑，忘乎所以了。

有人说：“得而不喜，失而不忧。”得到了荣誉不必狂喜狂欢，失去了也不必耿耿于怀、忧愁哀伤。这里面蕴涵着一个哲理，即得失的界限不会永远不变。一切功名利禄都不过是过眼云烟，得而失之、失而复得的情况都是经常发生的。意识到一切都可能因时空转换而发生改变，就能够把功名利禄看淡、看轻、看开，做到荣辱毁誉不上心。

有的人在荣誉面前也许能经得起考验，但他未必能经受得住屈辱和打击。屈辱就像一根针一样扎入弱者的心肺，迅速打垮了他们；而打击则如大山压顶，很少有人能够再抬起头来。然而，“富贵不能淫，威武不能屈”、“宁为玉碎，不为瓦全”、“士可杀不可辱”……这些都是对古往今来的英雄豪杰的赞美之词。面对邪恶，为了正义宁死不屈，以生命论证伟大的人生和高尚的人格，这才是至高无上的优秀品格。

在某些特殊情况下，由于敌我力量悬殊，我们暂时没有能力给对方以打击，此时忍辱就很重要，越王勾践卧薪尝胆最终一雪前耻就是最好的例子。

在现代社会，要真正做到完全脱离物质而一味追求人格高尚纯洁确实很难。但是，如果有了人格上的追求，起码可以活得轻松潇洒些。这样就不会轻易因外物而动摇，不会为了一次升职、一次加薪而与他人争得头破血流，更不会为了功名利禄而趋炎附势，违心地出卖灵魂。现实生活中，每个人都可能有一两次这样的经历和体会，当你放弃名利保住人格时，那种欣喜和愉悦是发自肺腑的。一个坦坦荡荡的人，他的内心是宁静的；而蝇营狗苟的小人，其内心永远也得不到平静。

对荣辱取舍的标准反映了人们的追求，也影响到人们对苦乐的感受。有容则乐、有辱则悲是人之常情，因此，树立什么样的荣辱观和如何看待得失一样，都体现了一个人的人生态度。

良方86：人到无求品自高

古人曰：“事能知足心常泰，人到无求品自高。”这里说的“无求”，是告诫人们要舍弃满脑子的功利与浮躁，不为外物所羁绊，不被浮云遮双眼，从而获得一种超然物外的自在与宁静。这里的无求无欲，并不是不思进取和漫不经心，也不是心灰意冷和垂头丧气，更不是一筹莫展、难掩烦闷的消极态度和庸人哲学，而是告诫人们要摆脱功名利禄的羁绊和困扰，不必强求。有所不求才能有所追求。“求”，是人生品格的体现，但事在人为，淡泊的人生虽然没有轰轰烈烈扬名内外，也没有显赫的地位，可它却是一种难及的大境界。

人到无求品自高，什么样的人才会有这样高尚的品格？应该是无所求的人。人果真达到无欲无求了，其人格便会自动提高。人格的伟大之处在于能够超出欲望的需求而追求品德的完善，能够遵循人格的要求有所为有所不为，能够“不降其志，不辱其身”，这才是“无求”的最高境界。这种境界，是一种胸怀、一种信仰、一种品格、一种心态。这样的心境需要时间的磨砺，需要坎坷人生的锤炼，更需要平静如水的淡泊心态。

诸葛亮说：“非淡泊无以明志，非宁静无以致远。”无求就是一种淡泊。面对复杂的人生，需要的是一无所求的淡泊。看淡世事无常，静观花开花落，需要经历人生坎坷崎岖中的颠沛流离，需要经历茫然失意中的迷惘困惑，需要经历风云莫测中的繁华盛衰，经历了人生的潮起潮落，才会拥有“淡泊明志，宁静致远”的心境。

功和利，不可趋之若鹜；名和财，不必为其所累。一个人做到无求的时侯，就是放弃了心中的杂念，清空了心灵里积存下来的枯枝败叶。只有这样，才能最大限度地获得生命的自由、独立，才能收获未来的光荣与辉煌，才能拥有让生命再次远行的机会。

人到无求品自高，是一种超脱、一种淡然、一种勇气。无求，是一个人的智慧到了可以看淡一切的境界，“得失随缘，心无增减”。用一份超然物外的恬淡，坐看云起，笑看沧桑，人生一定会色彩纷呈。

良方87：凡事不必刻意追求完美

完美是一种理想境界。我们可以接近完美，但不可能达到完美。这种判断，在我们头脑中必须牢固确立。仔细想想，世界上哪件事、哪个人是完美无缺的呢？没有，过去没有，现在没有，将来也没有。我们凡人没有，那些精英也没有。

完美主义者在真正意义上奉行的是一种逃避主义，他们觉得人生有太多的不完美，如生活中的不如意、工作上的不顺心、仕途上的屡屡不得志等。他们认为整个人生就如工厂里发出的刺耳的噪音，非常不和谐，他们所做的工作就是逃避这些不完美，因为他们对此无能为力。于是他们要极力摆脱不完美对他们的束缚，他们总是把精力投注到自己身上或他们所关注的事物上，致力于个人空间的井然有序。

不必过分追求完美。要做好一份工作，讲究的是成效，只要你尽了力，而且达到了预期的目的，就无须再一味追求所谓的“完美”，“完美”并不一定可爱。当我们每完成一项工作以后，我们可以反思，我们也有必要反思；我们可以总结经验，我们也需要总结教训。但千万不要因一点小小的缺憾而自责。试想，当你因过分追求完美而陷入自责的怪圈，你还有心思去改进工作吗?

有许多人具有强烈的成就动机，换句话说，就是“野心勃勃”。他们恨不能一步登天，因而希望自己做的每一件事，甚至每一件事的每一个细节都十分完美，以使自己尽快晋升，以使自己尽快成功。于是，他们的心态不免焦灼，这种焦灼的心态常导致他们陷入欲速则不达、欲完美却纰漏多多的窘境。对于一个成熟的人来说，不但不应刻意追求完美，而且在做一件事之前要学会作最坏的打算。

凡事必有度，这个“度”就是事情的合理性。有的人总想把事情做得好点再好点，直到被环境和条件所阻碍才发现，原来完美并不是凭空制造的，完美有它的度、有它的条件。即使有心，还要看看是否有能力达到完美。与其说追求完美，还不如说追求卓越，至少这个词语会更贴切，少了些幻想和不现实，少了些口号和空洞，多了些踏实和精确。

生活没有完美，工作也没有完美，总会有各种各样的阻力，所以，不论工作还是生活，都不要太钻牛角尖。

良方88：过恬淡的生活

雄心勃勃、志向远大好像一直是男人的写照，无形之中，很多女孩子也把有事业心作为选择男友的标准。事业成功的男人可以给女人以丰富的物质享受，可以满足女人更苛刻的物质要求，但是这种类型的男人也常常忙于应酬，家里不免少了几分温馨。

有一种男人，他们的收入也许不是很高，可是却充满了生活气息。他们没

有很深的城府，也不懂得钩心斗角，他们会用十二分的心思去打造生命的美好，快乐永远伴随着他们，平淡的日子在他们的双手间变得有声有色。可以说，他们才是真正懂得生活的人。

生活是一杯醇醇的酒，愈品愈会散发浓郁的清香；生活又如一碗淡淡的茶，稳如泰山，淡定自若；生活还像一本厚厚的书，从不同的角度看会有不同的体验。所以，只要我们用心体味，生活的芬芳会无处不在。

“恬淡”这个词，本身就很唯美，有着不可抗拒的诱惑，仿佛小桥流水潺潺而过，清清浅浅地就有了一种超然物外的感觉；又似蓝天上飘荡的白云，从从容容地就有了云卷云舒的随意洒脱。

恬淡，有着安静、淡泊、悠远而又无法说出的韵致，似天山的雪莲花，透露着拒人千里之外的高贵；又似路边的小草，朴实亲切，触目皆是，随手可及。

恬淡，是沧桑过后的那一丝丝凉意，是人生滋味满满的积淀，是阅历日复一日的丰富，是性格圆润丰满的成熟，是过尽千帆之后的豁然开朗。

恬淡，是一种修炼到极致的境界，至真至美，至情至性，味道十足而又无比简单，高贵无比却又倍加温暖。那是执著、奉献、努力、拼搏后才会拥有的美好心境。

恬淡，像一杯清茶，喝下去苦、品起来香，不浓烈、不张扬，不索然无味、不枯燥简单。那是浓烈之后的柔和、张扬之后的从容，索然无味之后的醇香。

恬淡，不是无欲无求，一定要有人生目标，不大也不小，刚刚适合当前的自己；不远也不近，刚刚可以达到；不高也不低，刚刚触手可及。然后才会觉得，生活原来这么容易，成功的滋味原来是这般的喜悦。

恬淡，是悠然自得，是自由自在，是在公众世界里的博大之爱，是在私人世界里的小小满足。

恬淡，是一幅山水画，磅礴大气却又无比自然，浓墨重彩却又朴实素净。恬淡的人对生命的描摹就像描摹一幅画，或浓或淡，浓淡之间便有了人生况味，悠远，寥廓，练达，宽厚。

恬淡，是尘埃落定的坦然，只要用心体味，就可以拥有恬淡精彩的生活。

第九章

中国人历来讲究“和为贵”，一个“和”字，蕴涵着太多值得人们深思的内容。正如莲子、百合和瘦肉一样，本不相干的三者被放到了一起，就要在互相接触中学会相互体谅、相互融合，最终成为一道补中益气的美味佳肴。

莲子百合煲瘦肉：和乐的人生最完美

良方89：家和万事兴

要想拥有一个幸福家庭，首先要树立“和为贵”的观念。

“和为贵”说起来容易，做起来却很难。有些家庭在日常生活中骂声不断，拿吵嘴打架不当回事，有的甚至认为“不吵不打不热闹”。显然，持有这些观点的人并没有意识到“和为贵”的重要性，也不明白“和”才是一个家庭的灵魂。“和为贵”的观念强化了，家庭成员自然也就更容易产生有利于团结的行动。

“和为贵”，贵在何处?

家和万事兴

一个家庭要想兴旺、要想出人才，就必须要有和谐的家庭环境。如果整天打打吵吵，肯定会耗费家庭成员不少精力，浪费不少时间，耽误工作和学习。这样的家庭，还谈什么兴旺?

“和”的家庭遇难不为难

任何家庭都免不了会有艰难的时候，这时，只有全家人团结一心，有难同当，才能渡过这一道道难关。

易于形成良好的家风

一个和睦的家庭，必然易于形成良好的家风。在这样的家庭中生活，也易于培养家庭成员讲风格、讲修养、讲大局的思想和作风，而这样的家庭培养出来的人才才是真正的国之栋梁。

减少烦恼

家庭和睦，不顺就会减少，喜悦就会增多。家人聚在一起，欢声笑语不断，这是世间最美好的画面。

◆ 良方90：家庭琐事不要太较真儿

在日常生活中，谁都希望家庭和睦，夫妻恩爱，但有些夫妻却不是如此，他们经常发生摩擦，把吵架拌嘴当成是家常便饭。这之中，有一个夫妻如何沟通的心理问题。

人们在单位里、在社会上扮演着各种各样的规范化角色：恪尽职守的国家公务员，精明体面的商人，言行得体的白领……但一回到家里，脱去了西装革履，你也就脱掉了所扮演的这一角色的“行头”，即社会对这一角色的种种要求、束缚。在家里，你是父母的儿子、妻子的丈夫、儿女的父亲，就应该还原你的本来面目，尽可能地享受天伦之乐。

假如你在家里还跟在社会上一样认真、循规蹈矩，每说一句话、做一件事还要考虑对错、妥否，顾忌影响、后果，掂量再三，那不仅可笑，也会让自己心力交瘁。家庭是情感的交流地，而不是一个讲规矩的训练场，这里有太多的非理性因素，所以，处理家庭琐事要采取“糊涂”政策，以安抚为主，大事化小，小事化了。家庭中的是非，往往不是原则上的是非；家庭中的对错，也往往不具有绝对的标准。不管在外面做什么，都不要把各种做派挪到家里来，这里不是你的办公室，家人也不是你的下属。在外面遇到什么不顺心的事，也不要把家庭当做出气筒。家庭应该是温馨和谐的，千万别把它变成充满火药味的战场。

矛盾总是无处不在，夫妻之间也不例外。事实上，即使是恩爱夫妻，也会有意见相悖的时候，如果处理欠妥，就会产生思想分歧，甚至导致夫妻感情破裂，家庭解体。相反，如果能及时妥善地处理，就会很快弹奏出悦耳动听的家庭幸福曲。

良方91：吃点小亏少是非

有这样一个脑筋急转弯：你最不想吃却经常能吃到的是什么？答案是“吃亏”。几乎在所有人的意识里，亏都吃不得。也许你认为“吃亏是福”是一种傻瓜行为，但实际上，能吃亏是做人的一种境界，会吃亏是处世的一种睿智。吃亏绝不亏，惜福才有福。

社会有着功利浮躁的一面，很多人都想得到名誉、地位、金钱以及别人的尊重和奉承，似乎唯有如此才是成功的标志，才是人生价值的体现。为此，人们劳心劳力、孜孜不倦地追求一些形而上的虚态，为了一己私利斤斤计较、做人总怕吃亏的事情便屡见不鲜。但是，总想占便宜，最终吃亏的却是自己，因为你丢掉了人们对你的尊重和信赖，最终结果是什么便宜也赚不到，这个亏可大了。

并非所有的便宜都值得庆幸，并非所有的幸运都值得高兴，同样，并非所有的“亏”都令人难以忍受。一个不能吃亏的人，会在斤斤计较中丧失更多的资源，得小利而失大利。不懂得吃亏，就不能完美地领悟人生；不懂吃亏，就不会有事业上的壮丽辉煌。相反，能吃得了亏的人往往打开了珍藏在心中的宝藏。能吃亏，就收获了忍辱负重、能屈能伸的性格形象；能吃亏，就在沉淀中有了厚积薄发的资本。做人要能吃得亏、过于计较，得失心太重，反而会舍本逐末，丢掉应得的幸福。因为很多时候，看似吃亏，实际上是一个得到补偿的过程，“塞翁失马，焉知非福”。真正有智慧的人，不在乎装傻充愣的表面性吃亏，而更看重实质性的“福利”。

把吃亏当成福气对待，首先要“损于己”，方能“益于彼”，然后“外得人情之平”。吃亏意味着舍弃与牺牲，一个不懂得忍让的人，一个永远都咄咄逼人的人，一个总是为了不吃亏而斤斤计较的人，时间长了只会让人反感厌恶。

遇到矛盾，退一步，让自己在广阔的天地中放松，无论是心情还是人情，在看似吃亏的过程中，实则已经得到了补偿。真聪明者愿意吃亏，因为吃亏虽然有暂时的舍弃与牺牲，却会有长久的收益，因此，他们根本不会把时间浪费在眼前的方寸之间，而是高瞻远瞩，有一个长远的计划。吃点亏，让一步，不是弱者而是英雄，因为你用理性的智慧躲避了身后难以想象的是非。

吃亏不是消极、颓废，不是悲观、懦弱，相反，它是一种执著追求的精神，一种为人处事的风格，更是一个人安身立命的永久鞭策。吃得亏中亏，方得福外福。

良方92：生活需要“无为”的态度

“无为”思想是老子极为重要的处世原则，“无为”与“有为”直接影响到我们做事的态度，它们之间是可以相互转化的。每个人都会认为，只有自己在实际生活中的“有为”才是正确的，只有“有为”才能建功立业。而事实上，只有做到“无为”，才有可能大有作为。因为，只有在“无为”的时候，人的头脑才是最清楚的，不会受到各种条条框框的束缚，创造力才能充分有效地发挥出来。

无为是一种智慧，一种让事物遵循最和谐的方式生发成长而不妄加干预的智慧。

夫妻关系需要无为。一方发怒的时候，另一方不随之动气，只是听，就是无为。等到风雨过后，再作必要的解释，采取必要的措施。一人发怒，另一人迎面回应，就是缺乏定力和智慧的表现，结果只能是两败俱伤。只有无为，才可以化风雨为彩虹。

父母和子女之间需要无为。孩子能做的事，母亲总是包办，就是不懂无为，结果只能是培养出懒惰的子女。让孩子自己去做力所能及的事，父母在这种时候，真的应该“无所作为”。无为的结果，是培养出坚强独立的孩子。孩子遭遇困难，父母可以鼓励，必要时还可以从旁协助，但是克服困难的努力过程要尽可能让孩子自己去完成。

工作中需要无为。你可能正在抱怨老板给你的工作太多，实际上可能是你自己主动揽了很多活儿，所以忙坏了。你揽许多活儿，很可能是因为你想表现自己的能干。实际上，如果你放轻松一些，对公司没有损失，自己也不至于那么累，其方法就是放弃一些由于虚荣心作祟而落到你身上的工作。

无为不是简单的什么都不做，而是一种处世智慧，最利于自己也最利于他人。无为的智慧，小到夫妇之间，大到天地宇宙，无处不在。

◆ 良方93：“糊涂”理家矛盾少

人们常说，家是避风的港湾，一旦港湾里白浪滔天，我们就真的无处躲藏了。但凡家庭战争都与真理和正义无关，“交战”时，最需要的往往不是把对方打败的艺术，而是消灭战争的艺术。“糊涂”治家就是一门消灭战争的艺术。

对家人外事活动“糊涂”一点

家庭成员不仅仅是一个“家人”，还是一个“社会人”，都应该有自己相对独立的活动空间、相对自由的支配时间。丈夫不是妻子的裤腰带，天天都要捆在身上；妻子不是丈夫的蜜糖片，时时都要含在嘴里；儿女也不是父母的氧气瓶，离开一秒钟就出人命。因而，在治家的时候，我们要对家人予以足够的信任，对他们适当的外事活动不妨“糊涂”一点。

对家庭日常开支“糊涂”一点

无论是丈夫还是妻子，在家庭日常开支上都要宽厚一点，在用钱方面不妨“睁一只眼，闭一只眼”，只要不是购房、买车之类的大开支，越马虎越得人

心。如：妻子对娘家偏点心，给娘家寄点生活费，也是人之常情，你也别去计较，这样方显男子汉宽宏大量的风度。

生活中，常常能看出一些“糊涂”丈夫之“明”、“精明”丈夫之“拙”来。“糊涂”丈夫，看见老婆常暗地用钱物接济娘家，虽然事情屡屡从眼皮下滑过，但权当未见，且自嘲曰：“肥水没流外人田，若争执起来，既伤财又损人，何益之有？”家和万事兴，老婆亦深感其德，千般温柔，勤俭持家，全家和和睦睦。而“精明”丈夫，自诩精明过人，对于家庭琐事丝毫不放松，把钱财更是看得重于一切，发现老婆给娘家钱物，顿时火冒三丈，引起轩然大波，夫妇从此反目成仇、劳燕分飞。不同的态度，不同的结果，我们都应引以为戒。

对家人的小缺点“糊涂”一点

“金无足赤，人无完人。”同在一个屋檐下，就要学会去包容家人的缺点，只要他们的缺点无伤大雅、不败家风，没违反原则，都是可以原谅的，是可以慢慢接受、面对和改造的。家人都是很聪明的，你的谅解与宽容同样也会让他们不再斤斤计较，进而一改陋习。

对突降的天灾人祸“糊涂”一点

这里的“糊涂”，主要是指采取乐观的态度，笑对一切突如其来的不幸，正所谓“家人齐心，其利断金”。

对家庭日常琐事“糊涂”一点

在家里，对什么事都“明察秋毫”，甚至为点鸡毛蒜皮的小事而争执不休，于家庭和睦是毫无益处的。对家庭日常琐事 “糊涂”一点，无疑是持家的一门艺术和策略。不要整天像一只拉得太满的弓，绷得全家紧张兮兮的。对家庭日常琐事“糊涂”一点，并不表示不负责任不管事，而是要求我们在对待家人不要像处理公事那样过于认真与严苛。

◆ 良方94：家务不是女人的专属

家务一直以来似乎都是女人的专属，女人对家里的一切事必躬亲：大到房间的布局，小到窗帘的颜色，都要按自己的意愿来安排。而这正给慵懒的男人提供了绝佳的逃避借口，于是，他们蜷缩在沙发上，木然地盯着电视，任由女人把家变成一个与自己无关的酒店套房。

“男主外，女主内”的观念在中国社会延续了几千年，男人做家务似乎是天方夜谭。然而，物转星移，时代变换，新时代“新好男人”的标准之一就是会做家务。当你看到“家务”两个字时，第一反应是什么？我们来看看男人对待家务的态度：

洗碗

洗碗的确令很多男人头疼，他们宁肯买菜、煮饭和烧菜，也不愿系上围裙、挽起袖口，将双手泡在满是泡沫的水池里洗碗。

洗碗令男人很没有成就感，它不像烧一桌丰盛的佳肴，好吃也好，难吃也罢，总能够得到一些意见的反馈。而洗碗呢，孤孤单单一个人独守厨房，就像被人抛弃了一样，显得特别无助。

洗碗本身历来的名声就不好，常有这样的说辞：“万不得已，我还可以给人刷盘子。”似乎洗碗刷盘子是很让人丢脸的事情。

俗话说：“饭后一支烟，赛过活神仙。”酒足饭饱的男人若是再让他去洗碗，他连死了的心都有。男人最能够体会到家的温馨就是吃完饭斜靠在沙发上看电视的时刻，这时候的男人颇有些志得意满。

收拾床铺

女人总是这样认为：如果一早起来不认真地整理床铺，那么，似乎整个家都会给人凌乱之感。但是，男人却不这么认为。干净、平整、一丝不乱的床铺与宾馆有何区别？家嘛，就要随意些、轻松些、自在些，因此，男人对收拾卧床非常抵触。可是，紧张的清晨，女主人要忙于一家子的早餐或者还要仔细地妆扮妆扮，挑选今天出门该穿哪套服装，理所当然，收拾卧床的重任就落在了男人的肩头。这时候，男人难免要抱怨，甚至敷衍了事。可是，女人还在洗手间进行遥控，哪样该换了，哪样要铺在上面，哪样要收到被橱里，不厌其烦，男人早就开始抓狂了。

洗衣服

如今，洗衣服也是一项技术含量很高的工作。哪些衣物可以机洗，哪些衣物必须单独洗，哪些衣物需要冷水洗……这些琐碎的、缺乏创造力和情趣的工作，男人只能对其采取避而远之的态度了。

以下是男人做家务的各种理由，仅供娱乐。

最感人的理由：我老婆一做饭就头疼，一擦桌子就手软，太可怜了。

最臭美的理由：别人都说我拿着拖把拖地的动作比刘德华摆的pose还帅。

最认命的理由：上下五千年，女人天天做家务，现在时代变了，该变过来了。

最体面的理由：生命在于运动，关节在于活动，多做家务对身体有好处。

最蛮横的理由：我就是喜欢做家务，你能把我怎么着？！

最娱乐的理由：自从做了家务，我吃饭倍儿香，身体倍儿棒，是男人就得做家务。

最天真的理由：我要坚持不懈地勤做家务，打算申报做家务时间最长的吉尼斯世界纪录。

最正当的理由：我本来就是家政公司的骨干，我不做家务，还能做什么？

最无厘头的理由：听说对面小区里酷爱做家务的那个家伙买彩票中了头奖，我也要做家务，我也要中大奖！

最讲信用的理由：我追求老婆时曾发过毒誓，结婚后家务活儿我全包了。现在就是打死我，我也不会食言。

最诗情画意的理由：做自己的家务，让别人说去吧！

最罗曼蒂克的理由：我以做家务为乐，老婆以指挥我做家务为乐，天底下竟有如此天造地设的一对，真是缘分啊！

最发愤图强的理由：老婆嫌我洗衣服总是洗不干净，切菜总是把手切伤。我就不信，我堂堂七尺男儿就做不好这家务！

最令人同情的理由：我光荣地下岗了，别无所长，只有在家里服侍老婆、做家务。

现代社会，男人工作繁忙，女人工作也不轻松，身为家庭中的一员，分担家务理所应当。当你真正融入到家务劳动中时，你会发现它充满乐趣，不仅帮你融洽了家庭关系，还让你得到了锻炼。家务是爱情最重要的载体之一，真正的浪漫，其实就在柴米油盐中。

良方95：做孩子的良师益友

父母是孩子的第一任老师，自古以来，人们就深知家庭教育对孩子的重要性。从接受教育的过程来看，家庭教育是一个人接受最早、时间最长、影响最深的教育。父母的一言一行、一举一动对子女都有着潜移默化的作用。

做父亲的都希望孩子能够成材，但是并非每个父亲都能与孩子和谐相处。父子关系不和谐的原因有两种：一种是过于严厉，一种是过于溺爱。过于严厉的，容易与子女产生隔膜，孩子见到父亲毕恭毕敬，问一句答一句，不问则不说话；叫他立则立，叫他坐就坐。天真烂漫的孩子，此时如同木鸡一般。过于严苛的父亲常常是怕孩子不尊重自己、轻视自己，结果却事与愿违，孩子表面上循规蹈矩，离开父亲的视线后却无法无天，尤其难管教。而如果对孩子过于溺爱，孩子要什么就无条件满足，天长日久，孩子就会越来越任性，眼里根本没有家长，更谈不上尊重他人。

因此，要成为一名合格的父亲，就要同孩子进行心灵上的沟通，做孩子的良师益友。首先要善于扮演多种角色，在孩子需要的时候，扮演的角色越多，与孩子的感情越深，在孩子心中的形象就越高大，和孩子相处就越融洽。成功教育孩子的过程，也是自我提高的过程。

既为人父，我们不仅要做孩子的良师，更要做孩子的益友。要常怀童心，多和孩子交流、谈心，让孩子信任你，切身感受到家的温暖和浓浓的亲情，遇事能主动和你沟通、交流。

对孩子一定要做到言而有信。重信守诺是中华民族的传统美德，一诺千金

不仅仅是简单地兑现某个承诺，更重要的是要培养孩子遵守诺言的信用意识。这是一个非常重要的品质，可以说是无价之宝，为人父者必须以自己的言行一致来培养孩子的信用意识。

要想成为孩子的朋友，就要把自己和孩子置于平等的位置，敞开心扉，交流互动。要学会倾听，鼓励孩子和你交心，无论对错都要接受、包容。不要害怕孩子出错，要让孩子学会在错误中成长。

在这样一个自由开放的时代，孩子具有时代的特点，他们思维敏捷，视角开阔，接受新事物较快。要给孩子留有私人空间，不要凡事都问个透，允许他们有自己的小秘密，这会拉近和孩子的心灵距离。要在乎孩子的感受，必要的事情跟孩子商量，尽可能听取他们的想法和意见，尊重他们的选择，不要勉强孩子去做他们不喜欢做的事。

良方96：努力做个好父亲

要想做个好父亲，你必须付出许多努力，这是现代社会对男人提出的考验。不要把教育子女的责任全部推到妻子的身上，对孩子来说，父亲的爱护和教导是无可替代的。和孩子接触得越多，你做父亲的天赋就越能得到发挥，最终便能形成自己独特的教育方式，再没有比养育出优秀的孩子更能让你感到满足的事了。

以前，相夫教子是女人的事；可喜的是，现在父亲们正想方设法参与到家庭生活中来，而且他们也很受家庭成员的欢迎。虽然我们的父辈之中也不乏好父亲，但是在他们那个时代，绝大多数父亲并不是通过陪孩子玩、拥抱孩子、

和孩子聊他们真正喜欢的事物或者教孩子做他们喜欢做的事情来表达父爱，而是通过工作来表达自己对孩子的爱。当我们成为父亲，开始教导自己的孩子时，我们会有一种奇怪、陌生的感觉，因为我们不知道好父亲应该是什么样子的，好父亲的标准又是什么。

教育子女，父亲的作用不可低估，父亲的角色不可替代。鲁迅先生曾提出过“我们怎样做父亲”的问题，直到今天，这个现实而尖锐的问题仍然困扰着许多人。

怎样做一个好父亲呢？虽然没有固定的标准，但以下几条准则可供参考。

第一，明确行为的准则但不要强加于孩子。

应向孩子指出哪些可以做，哪些不可以做。如果孩子有不同意见，要弄清原因，一起讨论，耐心疏导，绝不能硬性规定必须怎样做。应当承认孩子有权表示自己的意见和感情，要以朋友的形式来交流。

第二，不要教条主义。

切勿经常板起脸孔引经据典地来教训孩子，要注意孩子的爱好和个性。有些道理要说清楚，比如偷盗和撒谎是可耻的，但有些道理不能生搬硬套。

第三，有意识地培养孩子独立自主的能力。

不要过分包办代替，要让孩子多做力所能及的事。提出一些具体明确的要求，放手让他自己决定该做的事。

第四，要孩子对自己的行为负责。

当孩子作出某个决定或承诺时，告诉他要对自己的做法及后果负责，这样可避免事后不必要的牢骚和埋怨。

第五，不可当众羞辱孩子。

孩子犯错时，切勿惊慌失措，也不可听之任之，应与他们真诚交谈，帮他们走出误区。溺爱不对，打骂也不可取。当众揭短易引起孩子的反感，训斥羞辱会使孩子感到耻辱。他们特别在乎朋友同学的看法，应当维护孩子在人前的

“面子”，该谈的问题私下里解决，绝不能当众羞辱孩子。

第六，帮助孩子度过青春期。

青春期是孩子身心变化较大的时期，这时的孩子往往会学大人那样自己拿主意，家长对此要理解，应适时让他们自己做主。

第七，家长要敢于承认错误。

家长有错应认真反思，敢于对孩子说“对不起”，这样做不仅不会失去尊严，反而更能赢得孩子的尊重，加深亲子感情。

第八，允许孩子有隐私。

孩子需要亲切的关怀而不是监视，即使有充分的理由认为必须干预也要注意不能伤害孩子，一般情况下父母不宜过问孩子的隐私。

第九，对孩子不可求全责备。

对孩子的期望不可过高，应把更多的精力放在同孩子的沟通上，随时理解他们的心思和要求，并经常给予他们鼓励。

◆ 良方97：做个爱家好男人

家是爱的别名，是温馨的港湾，是心灵的驿站。有了爱家的男人，家里才会有温馨的情意和坚实的依靠。

当男人与女人牵手共同走向婚姻的红毯时，义不容辞的责任和义务是他更需要面对的。从那一刻起，家成了他永远最惦念和最牵挂的地方，因为家是他心中幸福的圣地，是可以让他放松、休憩和播撒爱的天地。

男人在家中扮演着着儿子、丈夫和父亲的多重角色，他愿意为家里所有他深爱的人付出一切。爱家的男人对女人天生有着一种深深的诱惑，他们的性格一般都会很温柔、很厚重，是女人梦想的温床。对于一个女人来说，能遇上一个顾家爱家的男人，更是生活中不可多得的平实的幸福，而这个家也一定是其乐融融的。

爱家的男人，白天在外面无限广阔的世界里风风火火地闯荡着、应酬着，下了班回家后，会系上围裙，穿梭在锅碗瓢盆间，为家人做一顿丰盛的晚餐。那份平实的关怀和爱意，更能让家人感受到实实在在的温暖。

爱家的男人一定是一个细心体贴妻子的好男人。休假时，他会耐心地陪妻子逛街，体贴地帮妻子做家务；闲暇时，他会与妻子相伴漫步在黄昏后，共享夫妻间的温馨情意；妻子生病时，他会调剂饮食、端水送药；妻子委屈时，他那宽阔的胸怀就是她的最佳依靠。在他的眼里，妻子就是他挚爱的珍宝。

爱家的男人在孩子眼中是一位慈父，他会怜爱地亲吻熟睡的孩子，他慈爱的目光总是关注着孩子的点滴变化，孩子的每一点进步都会让他无比开心。

爱家的男人风趣幽默，在他的感染下，家里总是洋溢着欢愉的气氛。

爱家的男人成熟稳重，他们总是能展现出一种绅士风度。

爱家的男人宽容大度，他们知道，宽容是大智慧而不是小聪明，因而能够包容家人的过失，能够体谅家人的心情。

爱家的男人工作勤快，他们一般都是工作中的佼佼者，钻研业务时思维敏捷，处理问题时干脆利落，把工作做得出类拔萃。虽然不一定有什么惊天动地的伟绩，但他们勇于进取，是领导信任的业务能手、同事们信赖的可靠朋友。

爱家的男人有着男人的胸怀和气度，他们在生活中勇于承担责任，遇事不乱。

一个女人若能得一爱家的男人相伴，就从此步入了一条充满温暖的幸福之途。扪心自问，你是爱家的好男人吗？

良方98：与邻里和谐相处

用现代人的眼光来看，人与人之间的交际应酬不仅是一种出自本能的需要，而且也是适应社会发展、促进个人进步的一种必不可少的途径。但由于现代人的生活、工作普遍繁忙和压力大，所以很少有空或者有心情与邻里交流，邻居姓什么、哪里人，都不了解，更不知如何面对邻里交往问题。

俗话说得好：“远亲不如近邻，近邻不如对门。”搞好邻里关系，既能加深相互间的友谊，又有利于家庭生活，应该给予足够重视。

邻里间各个家庭的情况互不相同：有的是三代同堂，有的是三口之家，有的是新婚小两口。他们之间的文化、经济、职业、兴趣爱好、生

活习惯也各不相同：有的爱早睡早起，有的要看电视到深夜；有的喜欢静心读书，有的则爱闲聊杂耍；有的白天弹钢琴练唱歌，有的则是夜里上班白天睡觉。相距近、接触多、事情碎、差异大，这些都难免使邻里间产生矛盾，这就需要用有技巧的言谈来解决矛盾，调节关系。

邻里间产生矛盾的一个重要原因便是无视差异，即不考虑邻家和自家有何不同，只从自家利益出发，考虑问题过于片面。因此，若要搞好邻里关系，就应当正视差异，区别对待不同的情况，运用恰当的邻里交往技巧。具体地说，应注意掌握如下十项策略：

一、热情交往策略

热情交往策略是指与新邻居初次相见时态度要热情。新老邻居的首次交谈很重要，双方都会在首次交谈中形成印象，心理学上称为“第一印象”。良好的第一印象会给日后的交往创造成功的条件；恶劣的第一印象也会给日后的交往带来不良的影响。如何给新邻居留下良好的第一印象呢？

1．寒暄式

虽然还不知道新邻居的姓名，仍应主动打招呼，会使人感到热情开朗，感情的纽带便开始建立了。

2．介绍式

新老住户间一般没有第三者作介绍，双方可自我介绍，说说姓名、介绍单位、住几楼几室等，要简单、明白、爽朗。一经介绍，就便于称呼和继续交谈了。

3．讨教式

新住户可主动讨教，询问买菜打油、道路交通等问题，请老住户参谋指导，能使人产生好感。

4．探询式

“您家几口人？”“您老高寿？”“您的工作单位离这远吗？”“还有什么事要我帮助吗？”……这类探询能使双方较快地融洽起来，但应记住：不能连珠炮似的不断询问，也不能问得过深。初来乍到，双方心理上有距离，不适当的问题会使交谈陷入尴尬局面。

二、冷静应对策略

冷静应对策略是指面对邻家无意的侵扰行为要冷静应对。要用坦诚、和缓的语气推己及人，没有责备埋怨之情，唯有互相提醒、共同约束之意，这样容易被对方接受。对粗心随便的邻居应该适当谅解、适当提醒而不伤及感情，提醒的次数多了，对方也就会慢慢注意了。

三、宽容感化策略

宽容感化策略是指面对邻家自私自利的表现要采取宽容感化的态度。和爱贪小便宜的邻居交往有几个方法：一是逐步了解，观察分析其贪小利的原因，可使自己在交谈时有的放矢，不意气用事。二是适度批评，使之看到贪小利之弊，之后诚意指出问题。三是正面感化，自己要宽宏处事，豁达大度，主动真诚地帮助对方。天长日久，当对方真正理解了你的一番诚意后，便会由衷地感谢你，友好交往了。对此类邻居，切记一不能讽刺挖苦，二不能寸土必争。

四、群体解决策略

群体解决策略是指对一些蛮不讲理的邻居要善于借助群体的力量来解决问题，绝不能以不文明对付不文明，要以理服人。以理服人的办法有三个：首先是用舆论制约，邻里间团结一致，用公正的集体舆论促使其讲理；其次是当众论理，当着大家，心平气和、有理有据地说服对方；再次是依靠组织，通过单位领导、居委组织等的协调，也能收到较好的效果。当“铁邻居”态度有所转变时，就应热情欢迎；当“铁邻居”家有什么困难或不幸时，要主动帮助，热情关心，绝不能幸灾乐祸。困难时的慰问和帮助犹如雪中送炭，常会使“铁邻居”一改旧貌。

五、自责补偿策略

自责补偿策略是指当小孩之间发生矛盾时要用自责补偿的心态来解决纠

纷。小孩之间有了矛盾，大人处理不好就会惹出许多不必要的麻烦，甚至会使大人之间反目。正确的处理办法是：自责——绝不能袒护自己的孩子，要当着邻家的面适当批评。慰问——安慰邻家孩子，向其家长致歉。必要补偿——如果碰坏了邻居孩子的玩具，要主动赔偿，这是物质补偿；如果碰疼了邻家孩子，要说些贴心的话语，帮助孩子言归于好，这是感情补偿。

六、谨慎自律策略

谨慎自律策略是指在邻里交往中要谨慎自律，不可说长道短。听到有人说长道短，要慎思明辨，绝不轻信；流言止于智者，绝不传话；事实不明，绝不附和；提醒对方，注意影响。

七、降温相劝策略

降温相劝策略是指当邻家发生争吵时要注意委婉相劝，不介入、不敷衍、不武断、不偏袒、不刺激。

八、友好温和策略

友好温和策略是指对邻家的唠叨、干扰要用友好温和的态度去解决。

九、先退后进策略

先退后进策略是指在劝说邻家不要做某些事情时要注意先妥协后劝说。在谅解的前提下，尽管生活习惯不同，大家也能和睦相处。

十、反省沟通策略

反省沟通策略是指当与邻家发生矛盾时要习惯于进行自我反省，然后进行友好沟通。在邻里交往中受到对方不友好的对待时，要切记不报复、不责问、不怨人。要先扪心三问：一问自己有什么话说过了分，二问自己有什么事做得影响他人利益了，三问对方对自己可能有什么误解，然后采取相应的致歉、解释、说明，但这必须在心平气和之后。

人与人之间的关系相当微妙，处理人际关系是一门学问。“邻里相处十忌歌”对如何处理邻里关系有很好的启示，现抄录于此，以供借鉴：

一忌恶语伤人，动手打人；

二忌背后议论，猜疑嫉妒；

三忌轻信纵容，偏袒子女；

四忌见难不救，幸灾乐祸；

五忌家庭建筑，妨碍他人；

六忌不顾场地，栽树种花；

七忌放养禽畜，有碍卫生；

八忌谈笑逗乐，不讲分寸；

九忌经济往来，账目不清；

十忌得礼不让，不听劝解。

总而言之，邻里交往的基本原则是互相理解、互相尊重、互相谦让、互相帮助。以这种原则去与邻里交往，就会建立和谐融洽的邻里关系。

◆ 良方99：善于在生活中找乐儿

生活不会一帆风顺，只有童话中的公主和王子才能享受着永恒的快乐。现实生活总是充满了挑战，有乐趣也有痛苦，就像歌里唱的那样，“外面的世界很精彩，外面的世界很无奈”。对于男人来讲，生活有时会更复杂。社会给男人设置的必修课是“出成就”，于是，常常会看到许多男人在社会上跌跌撞撞，疲惫不堪。而古语说“男儿有泪不轻弹”，因此，男人即使心中有苦也不能诉，否则会被人视为软弱。都说做女人难，做男人同样不易。人生短短几十载，如何让自己活得更快乐才是男人们应该认真思考的问题。

现代生活节奏快、压力大，而且人们没有太多的时间去互相理解和沟通，于是，抑郁成了现代生活中一种比较常见的不良情绪。也许是因为情感出了问题，也许是因为工作不顺，无论是哪种情况，一旦陷入抑郁情绪便会一落千丈，即使是平时最感兴趣的事物也不能激发你的热情，内心苦不堪言，甚至会产生绝望的情绪，失去生活的勇气。

我们凡人一年中的大部分日子都很单调，一生中的大部分岁月也都很枯燥，但如果把有趣的事情找出来说一说、想一想、乐一乐，那么生活就会快乐得多。谁说苦中作乐不是一种率意的豁达，不是一种可取的生活境界呢？学会从单调、枯燥中寻找快乐，无疑将为我们的生活增添色彩。

庸人缘何自扰？正因他们不去真正地理解生活，而只是一味地去抱怨生活。快乐不会从天而降，你得亲自去寻找、去体味。厨房做饭，柴米油盐，琐琐碎碎，大汗淋漓，按说是苦不堪言，但想想家人围坐在桌前共进晚餐的那份喜悦，下厨不也是一种快乐吗？街头候车，灰尘袭面，骄阳当空，自然是心绪不宁，但你不妨试着欣赏一下周围的风景，想象一下行人匆匆赶路的原因，这样一来，候车不也成为一种快乐了吗？

善于寻找快乐的人，活得一定逍遥自在。学会了找乐儿，也便学会了生活。

后　记

在这个时代，男人要想在自己的名字前面加上一个定语“成功”，并不是一件十分容易的事，交际、爱情、婚姻、事业、家庭，哪一个不需要极大的智慧?

一个男人，从他出生的那一刻起便被打上了沉重的烙印，可以说，“男人”这个称谓本身就是一种责任。除了做最好的自己，男人还要为了家庭和社会奉献出自己的一切。为了这份推卸不掉的责任，男人必须勇敢地面对生命中所有的苦与乐，没有任何讨价还价的余地。因为有重任在肩，所以无论是事业上还是生活上，成功都可以说是所有男人的终极目标。但在追求成功的过程中，很多男人会不自觉地陷入一些误区，这些误区让他们步入了人生的败局，与成功失之交臂，从而使自己的一生都居于平庸的境地。

有成功就有失败，有快乐就有悲伤，现实生活就是这样，可以说它残酷，也可以说它不近人情。说什么已经无所谓，重要的是用什么样的心态面对一个又一个困境和坦途。

男人在拥抱成功、拥抱世界的同时，如何找回真正的自己? 从书中你找到答案了吗? 你是否重新找回了自己的勤劳、勇敢、温柔和智慧，成长为一个强壮而不失温和、勇敢而不失温情的真正男人?

本书在编写过程中难免会存在不足，真诚地欢迎广大读者提出宝贵意见和建议，以帮助我们修正和完善，在此表示衷心感谢。